Ⅲ\ 见识城邦

更新知识地图　拓展认知边界

万物皆数学

Everything is Mathematical

丈量世界

时间、空间与数学

Getting the Measure of the World:

calendars, lengths and mathematics

[西] 约兰达 · 格瓦拉（Iolanda Guevara）[西] 卡尔斯 · 普伊格（Carles Puig）著

孙珊珊 译

中信出版集团 | 北京

图书在版编目（CIP）数据

丈量世界 / (西) 约兰达·格瓦拉, (西) 卡尔斯·普伊格著 ; 孙珊珊译. -- 北京 : 中信出版社, 2021.3
（万物皆数学）
书名原文: Getting the Measure of the World: Calendars, lengths and mathematics
ISBN 978-7-5217-2232-1

Ⅰ. ①丈… Ⅱ. ①约… ②卡… ③孙… Ⅲ. ①数学－普及读物 Ⅳ. ①O1-49

中国版本图书馆CIP数据核字（2020）第173900号

丈量世界

著　　者：［西］约兰达·格瓦拉 ［西］卡尔斯·普伊格
译　　者：孙珊珊
出版发行：中信出版集团股份有限公司
（北京市朝阳区惠新东街甲 4 号富盛大厦 2 座　邮编　100029）
承 印 者：北京诚信伟业印刷有限公司

开　　本：880mm × 1230mm　1/32　　印　　张：6.75　　字　　数：130 千字
版　　次：2021 年 3 月第 1 版　　印　　次：2021 年 3 月第 1 次印刷
京权图字：01-2020-5727
书　　号：ISBN 978-7-5217-2232-1
定　　价：48.00 元

目录

前　言

我常说，只有当你能测量你所谈论的事物并可以用数字来表达它时，你才算对它有所了解；而当你还不能测量、不能用数字来表达它时，你的所知就还是浅薄、不足的。

这句话是苏格兰数学物理学家开尔文勋爵（Lord Kelvin）威廉·汤姆生（William Thomson，1824—1907）的名言，他在1848年首先提出了绝对温标概念。为纪念他，国际单位制中热力学温度单位就是以他的封号“开尔文”命名的。

毋庸置疑，正如汤姆生所说，测量是现代科学的基础，而且它也是日常生活中一项必不可少的活动。没有测量，人们就不可能了解和掌握自己周围的环境。而最敏感、可靠、精确的测量需要数学知识的参与。

有史以来，人类已经研究出各种各样的测量方法。这些方法使人类得以测量自己居住的星球，以及恒星间和星系间的空间与时间。人们为各种测量结果制定了相应的单位，不断发明出直接或间接的方式来计算测量结果。人类自古就知道自然周期对生命的存在至关重要，他们很快就发现观察天空和天体运动可以测定时间，并将这些天体运动和自然环境中的现象联系起来——冷、热、落叶、鸟群的迁徙等等。人们也测量了自然环境，从本地——为自己的居住地划定边界——扩展到外地以便计划较长距离的旅行和远征贸易。随着贸易的增加，人们接触到大量只在当地使用的测量单位，它们带来的麻烦也愈发明显。人们必须找到一些统一的测量标准。通过一种特殊的三角测量法对地球精确测量后，人们制定了第一个通用的测量单位“米”，进而产生了十进位米制系统。三角测量法及其他与天文、地理、历法和测量相关的数学方法正是本书的主题。

测量实际上是一个日常的行为。我们一直在以这样或那样的方式进行着测量。比如，早上起床后，我们可能会先“量”点儿牛奶冲麦片或加到红茶里。如果把日常生活中所有跟测量有关的活动都统计起来，这个数目会令人瞠目结舌。

在此，我们要感谢 RBA 出版社的编辑们的信任，他们让我们参与这套丛书的创作，并同意用历法的历史和米制的由来作为第一个选题。他们的建议使得这个选题最终成为一部讲述测量各个方面、内容涵盖广泛的书。我们要感谢罗泽·普伊格（Roser Puig），他对伊斯兰历的具体算法提供了宝贵意见。我们还要感谢安东·奥巴内尔·普（Anton Aubanell Pou）对我们写作此书的鼓励和热情无私的支持，并同意我们使用他有关历法的历史和米制由来的著作和资料。

第一章

什么是测量？

我们一出生就开始了漫长的学习历程。婴儿早在会说话或会走路之前就发展出一项能力，知道妈妈离自己有多近或多远，知道把自己的胳膊伸多长就能拿到自己想要的东西。他会注意到物体有大有小，进而发现相似物体之间的不同之处。事实上，我们人类会用一种自然的方法，通过比较距离、大小、体积等，快速确定自己在周围环境中的位置。换言之，我们从出生那一刻就开始学习测量了。可是测量究竟是什么呢?

一项随处可见的活动

日常生活中有很多行为都表明人类随时随地都在进行着测量的行为。下面列出了一些我们非常熟悉的场景。

去朋友家的时候，我们毫不犹豫、自发地沿着大厅穿过门廊进入餐厅。我们知道我们正在“穿过门廊”，如果个子太高，我们还会自发地低一下头。

过马路时，远远地看见一辆汽车向我们驰来。我们决定冷静地穿过马路，因为大脑已经计算出汽车到达我们身边的用时一定比我们穿过马路到达对面的用时长。

我们给朋友写了满满一页纸的信，写好后拿出信封，我们马上就知道要把信纸折一次还是两次才能塞进去。

这些例子说明我们"自动"执行着一个对比程序，它一刻不停地做着评估，对比不同的量值：对比门廊的高度和我们的身高，对比两个移动物体（车辆和过马路的行人）移动特定距离所需的时间以确保既能穿过马路又能避免冲撞，以及对比一张未折叠的纸和信封的面积。

所有文化中共通的数学原理

艾伦·J. 毕晓普（Alan J. Bishop）在《数学文化：数学教育的文化视角》一书中写道：数学跟其他形态的知识一样是一种文化产物。数学文化体现在三个层面上。第一个层面跟数字有关，同时涉及计算和测量的方法；第二个层面指的是空间，表现为数学在定位和设计上的应用；第三个层面体现在人们的社会关系上，并影响说明以及游戏领域。承认数学史是所有文化的一个组成部分，从这个角度可以说"这个世界是数学的"。可数学究竟能让我们知道些什么呢？

为回答这个问题，首先我们要找出不同文化中共同存在的某些人类活动，这些活动都与数学思维相关。在这个背景下，我们所说的数学并不是指书本的目录，也不是要研究的数学题目，而是我们在进行某些有数学内涵的活动时的推理过程和心理活动过程。在学习层面，我们在大中小学都会学习数学，如果只看这方面，我们所涉猎的数学知识都是被定义好了的，是书本上的数学。我们希望将研究领域进一步拓展到学校以外的日常生活中，看看那些不仅存在于某一地区，而且也存在于其他文化中的具有相同性质并与数学相关的活动。如果说语言的产生是因为人们有互相交流的需要，那么数学因何产生？是什么样的需求产生了上述活动？

在数学思维的发展中，认识不同元素在空间如何分布是很重要的。定位和设计这两种行为都是为了完成这个任务而产生的。前者是为了外出觅食并顺利回家不迷路。这要求人们了解周围的环境，知道自己的位置和前行的方向。这里涉及三种空间：物理空间（物体的空间），我们周围的社会地理空间，以及我们生活的这个世界所处的宇宙空间。

设计则涉及创造、生产各种实物和器皿。这些物品可能是为了家用、商贸、装饰、战争或宗教仪式。为什么所有的文化都会设计碗来盛放液体食物以方便进食？答案很简单：一个平底或凸底的盘子不可能装液体。设计也涉及布置和建造更大的空间，比如房子、村子、花园、道路和城市。

我们除了与周围的物理环境有联系外，也需要和社群里的其他成员有联系。这种社交需求产生了其他与数学思维相关的活动：游戏和说明。

第一种活动涉及规则和社会行为的程序，同时也涉及想象力，比如在分析某种情形时，提出假设或者问题，“如果……会怎么样？”所有的文化都有游戏，而更重要的是，他们对待游戏都很认真。这一点表明，游戏作为最优秀的娱乐休闲活动，与数学的关系也许比我们想象的还要近。事实上，许多数学家相信游戏活动所隐含的思考过程与我们努力解开一道数学题时的思考过程极为相似：分析情形，寻找策略并加以比较，选择最优方案并执行，检查是否有效。

比起跟物理环境的关系，说明与社会环境的关系更密切，尽管它和两者都有关联。这是一种与社群里其他成员分享对环境的分析和概念化的行为。没有环境当然就无可说明，但如果没有分享研究结果的需求，也不会有说明的行动。说明是探寻各种现象的原因，它们的相似之处或不同之处，找出彼此之间的关联以及区别的方法。对于更为复杂的现象，说明就成为内容摘要。从数学角度来看，其中最值得注意的是应用“逻辑连接符”将论点结合、对比、扩展、限定、论证及说明。这些步骤与我们解决一道数学题所需的步骤是一样的——连贯、简洁和确定。

圆形房屋

为什么我们在不同文化中都会发现圆形房屋？在所有相同边长的矩形或四边形中，正方形的内部面积是最大的。而在所有相同周长的图形中，圆形拥有最大内部面积。因此圆形房屋就是最经济的建筑物，因为它们只需要最少的材料（砖块、冰块、芦苇、兽皮或其他）就可以得到最大的居住面积。如果看看因纽特人（爱斯基摩人）、美国原住民、中非及其他地方的部落的传统建筑，我们可以清楚地发现在这些完全不同的文化中，有大量的实例证明他们有着相同的考量。

加拿大因纽特人的冰屋

北美平原原住民的帐篷

肯尼亚基库尤人的棚屋

伊尚戈骨头

伊尚戈骨头是一块刻有三排线符的狒狒腓骨。这块骨头是比利时考古学家琼·德·海因策林（Jean de Heinzelin）于1960年在尼罗河源头附近发现的。2万年前，居住在今天刚果民主共和国和乌干达之间爱德华湖附近的人，可能就是最早有计数行为的人类族群。人们对这些刻符以及它们的分组进行了大量的研究，认为这块骨头是一个计数系统的工具。骨头上刻着几对数字，每对的第二个数字都为前一个数的两倍（5，10；4，8；3，6），还刻有几组奇数（19，17，13，11；9，

19，21，11），其中一组为 10 到 20 之间的质数。最后，人们发现这两组数的和都是 60，而另一组的和为 48。有人认为这跟日历有关，也有一种看法认为这可能是长为 6 个月的月亮历，也可能是一位妇女在研究月相和自己生理周期的关系。

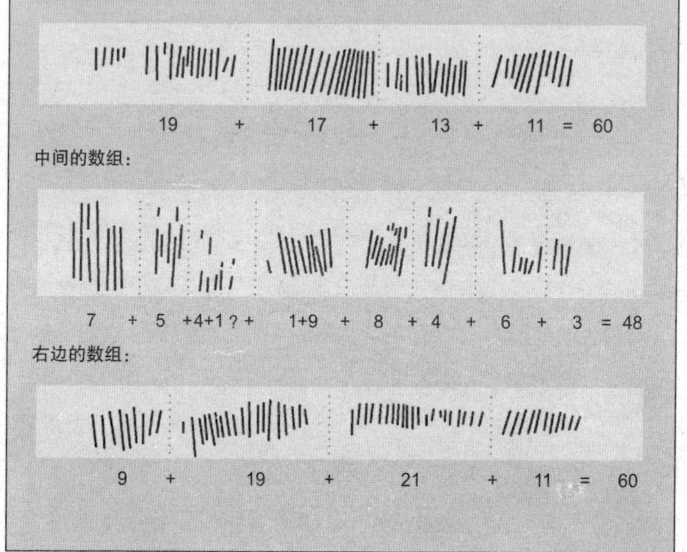

计数和测量

计数和测量是两种很容易让我们与数学联想到一起的活动，因为都要使用数字。不同文化都有使用计数符号，即数字的历史，这表明人类的先祖就有这样的需求，而人类的文明已经为自己创造出一个不可或缺的工具，使人类的活动有了秩序。乔治·伊弗拉（Georges Ifrah），在《世界数字史》中发表了他的研究结果，他对构成人类社会复杂网络的许多不同文化中数字的起源、意义，以及从古至今的计数、运算系统进行了长期的研究。

通过计数以及将物与数相连，人类从定量的角度发现并定义了周围的世界。纵观历史，所有的文化和社会族群都有计数的需求。毋庸置疑，人们统计一年的天数是因为人们意识到季节的周期变换，需要决定播种的最佳时间；人们统计社群的人数，包括出生和死亡；财产和牲畜也要统计，因为从牧场回家的时候，牧羊人需要检查是否有牲畜丢失。

计算人数、物体和时间的经过是人类历史早期的需求。最开始，人们并不像现在一样懂得如何计数，但他们有一个、一双和一群的概念。不同研究的结论都指出我们只需要看一眼就能辨明 1 到 4 的数量，超过这个范围，就需要各种各样的计数方式参与了。定量的方法有很多，可以挨个儿统计某个群体里的所有元素，或者通过某种比较或心理分组的方法。

要计数，比如要跟别人说某个典礼的日期，检查晚上归家的绵羊、山羊或奶牛是否跟早上放出去的数量一致，需要几种不同的“工序”。

要记录数量并告诉他人，语言是必须的，也就是说，每个数字都要有一个名字。人类从大自然中得到灵感找到了基数的原型。比如，小鸟的翅膀代表一双，三叶草的叶子是三，动物的脚是四，一只手的手指就是五，等等。慢慢地，在把数字抽象化和运算的过程中，人们发现了其他类似的数列关系，大多数人是用双手学会数到 10 的，所以大多数现存的计数系统都以 10 为基数。也有一些计数系统用 12 为基数，也许是因为它比 10 有更多的除数，所以在做除法时更方便。玛雅人、阿兹特克人和巴斯克人则加上了脚趾的数目，采用 20 作为基数。最古老的文字发明者苏美尔人，和发明了 0 的巴比伦人则采用了 60 作为基数，而我们现在正是用这个系统来将小时分解成分和秒，将圆形分为 360 度，再将每 1 度分为 60 分，进而把每 1 分分为 60 秒。

考古人员在西欧的考古遗迹中发现了许多动物骨头，上面刻有竖线或 V 形凹痕，表明我们的祖先是如何计数的。这种计数法被认为是罗马数字的起源。另一种计数方法是用手。有证据表明全世界的人都曾在历史上的某个时期用手计过数。凭借手指骨和关节，古代埃及人、罗马人、阿拉伯人、波斯人，以及中世纪的基督徒们，可以根据一套类似手语的手势来表示 1—9999 的数字。中国人则更进一步，他们研究出一套手势，可以用单手表示到 10 万，双手表示到 100 亿。

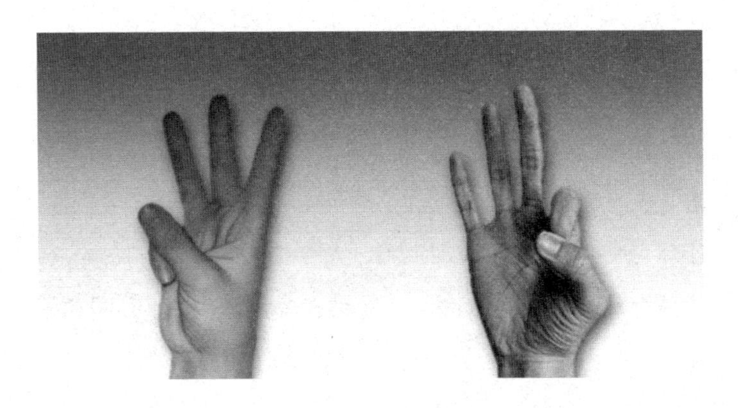

图左为用手指表示数字 3 的一种方法。图右为用手指表示数字 3 的另一种方法。

一些作者指出，在算术和运算史上还存在过一套运算方法，就是用一堆石头或鹅卵石进行运算。这种方法被认为是算盘的起源。直到今天，在中国、日本和一些东欧国家，还有使用算盘的柜台。“运算”（calculation）这个单词本身指示的就是这种运算方法，因为拉丁语的“calculus”有“小鹅卵石”的意思。

稍后，历史上出现了计数的书面符号，即数字。主要原因是有一些会计决定用黏土制品来代替常用的鹅卵石。根据不同的形状和大小，这些黏土制品可以代表计数系统中不同的数：小杆子或小棍子是个位，球表示十位，较大的球是百位，等等。考古研究发现，在公元前 4 世纪差不多同一时期的两个不同文明中都出现过这种计数方法，一个是靠近波斯湾的伊朗伊拉姆地区，那里将 10 作为计数的基数，另一个在美索不达米亚南部的苏美尔文明，那里使用 60 作为底数。会计们把表示物体数量的黏土制品封入一个黏土球。这些黏土球就如同一个个小小的档案袋，当某天需要用到那个账目时，人们把球砸开，就可以看到那些代表数量的黏土制品。这个方法渐渐演进，先前放到黏土球里的黏土制品被刻在球体上的记号代替：小球变成一个小小的 V 形刻痕，大圆锥变成一个宽口的刻痕，大球则变成一个圆圈。由此，大约在公元前 3200 年，最初的苏美尔文字出现了，这也是人类已知最早的文字系统。

测量是数学思维发展过程中的另一个重要活动，涉及比较、排序和定量。尽管有些测量领域所有文化都认为很重要，但并不是所有文化在测量的时候都采用相同的标准和方法。各地不同的环境和背景要求我们采用不同的测量方法。例如，人体大概是所有文化中最先用于测量的工具，甚至是现在，如果身边没有卷尺或其他合适的工具，我们也会用步距和手来丈量一段不太长的距离。

测量意味着比较

结绳计数：结绳文字

结绳文字写作“quipus”（来自克丘亚语“khipu”，意思是结），是古代安第斯文明发明的使用毛线或棉线，配上一种或几种颜色的结的一种计数方法。印加帝国的知识分子使用的就是这种计数方法。一些学者认为这种计数方法也被用于书写文字。在距离利马北部 200 千米的秀珀谷，有一处被世界教科文组织认定为美洲最古老城市（约 5 000 年的历史）的卡拉尔遗址，考古人员就曾在这里发现过结绳文字的遗迹。此外在位于安第斯山脉中部的古代安第斯文明中心，曾繁荣于公元 7 世纪到 13 世纪的瓦里文化也留下了结绳文字的遗迹。

一个结绳文字是由一根没有打结的主绳，及挂在主绳上有着不同颜色、形状、大小，并且通常有结的绳子组成。颜色代表着类别（褐色代表政府，深红色代表印加帝国，紫色代表族长，绿色代表战利品，红色代表士兵，黑色代表时间，黄色代表黄金，白色代表白银），而结则代表数量。

测量距离和计量食物无疑是人们最重要的需求。在很多文化中，测量到某处的距离需要考虑旅行的手段以及所需的时间，比如，步行、骑马或乘坐马车所需的天数不一样。我们现在仍然在旷野徒步时进行测量，预估步行的小时数。而对于食品，测量结果和用来存放食品的器皿有关——篮子、米杯、袋子等等，这些单位仍在使用。当我们需要煮四人份的米饭时，我们会用篮子称米还是只用杯子量米呢？

连续还是离散

计数和测量的差别，使我们要用到数学中连续和离散的概念。这个概念可以类比为物质世界中的连续和离散，比如当我们数羊或取水的时候。羊可以被一个一个分开，水却是连续的液体，可以测量而不能计数。在数学术语中，计数是使用整数、分数，或者有理数（Q）来进行的一项活动；而测量需要实数（R），即数学中表示连续性的数，正如刚才提到的流水的比喻。另外，如果我们考虑一下物质世界和数学世界中的测量究竟是如何进行的，我们会发现划分连续和离散的二分法的新侧面。

在物质世界中，测量结果是通过与某种公认的测量标准进行比较而得到的。比较的结果用测量标准的倍数或分数来表示。测量结果是一个有理数。我们来看一个例子。让我们试着用一支铅笔来测量一张桌子的边长，无论铅笔的长短。这支铅笔就是测量标准，桌子的边长则是测量对象。桌子有几支铅笔长呢？我会在写这个段落的时候实践一下。答案是比 7 支铅笔长，比 8 支铅笔短，换言之，这个数位于 7 和 8 之间。我们需要用分数来表示这个结果。现在的情况是我们要比较第 7 支铅笔结束的地方到桌子尽头的这段距离。这段距离跟铅笔长度的比例用分数是如何表示的呢？一半？三分之一？四分之一？实证推测和目测推断的结果让我们想起古代埃及人，埃及人使用分子为 1 的分数，不使用 $\frac{2}{3}$ 这样的分数。试想测量桌子时，我们根据目测觉得桌子剩余的长度为铅笔长度的四分之一，我们会说测量结果为 $7\frac{3}{4}$。如果我们想要更加准确，可以利用古典希腊的比例原理，将测量结果写到纸上，再应用泰勒斯定理直至得出一个最接近所测量长度的分数。通过这个方法，我得出的结果为 $7\frac{2}{3}$。

根据测量方法和测量工具的不同，日常生活中的测量结果可以用分数或有尽小数来表示——两者均为有理数。在测量桌子边长的例子中，测量结果以一支铅笔的长度为单位表示为一个分数，$7\frac{2}{3}$。当我们用卷尺测量时，结果为 1.4 米，一个有尽小数。在实际生活中，测量结果往往是一个近似值，取决于被测物体、使用的工具和测量时采用的精确度。

精确的测量结果只在数学模型中才会出现。此时，测量结果是连续而非离散的。数学家测量什么，又是如何测量的呢？在数学史上，测量与几何学密切相关，数学的一个分支就是研究图形的特性，或物体在平面上和在空间中的特性。有意思的是，正是在解决某些跟测量相关的问题中，数学发展出了几何学。

实数

实数包括有理数（正负整数、分数和0）和无理数（超越数、代数数）。无理数是无限不循环小数，不能写成分数，如$\sqrt{2}$、π……

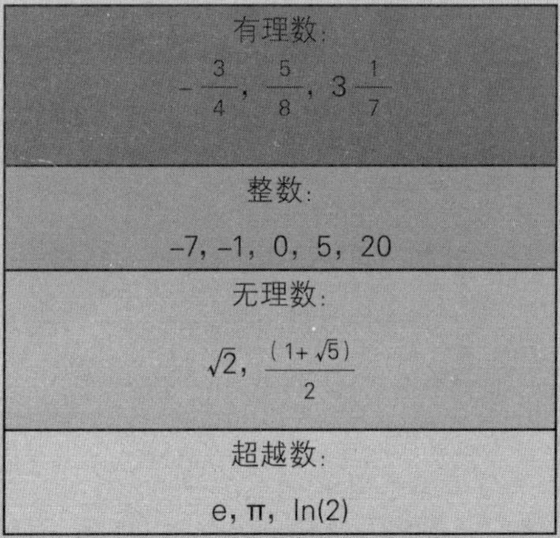

有理数： $-\frac{3}{4}$，$\frac{5}{8}$，$3\frac{1}{7}$
整数： –7，–1，0，5，20
无理数： $\sqrt{2}$，$\frac{(1+\sqrt{5})}{2}$
超越数： e，π，ln(2)

实数的类别

从用于计数的自然数1，2，3……到数学模型中测量所需的实数，不断扩展的数列说明我们需要用数字表示某种运算的结果：

$$N \subset Z \subset Q \subset R \subset C$$

$$(-) \to (\,:\,) \to \sqrt{\ } \to \sqrt{(-)}$$

我们可以用整数表示3–4=－1；用有理数表示$\frac{3}{4}$=0.75；用实数表示$\sqrt{2}$；用复数表示$\sqrt{-4}$。

在初级几何学中，物体和形状均以一种统一的定性方法来表达。如果之后需要一个更准确、更具体的描述，就需要定量，即需要表示测量结果。而要表示测量结果，就要用到数字。线段有长度，平面有面积，立体空间有体积。

在数学模型中，测量结果是连续的。这个观点是由实数不足以表示测量结果的事实产生的。我们需要进一步将这个数列扩展开来，包括直线上所有的数字——还是实数。在日常生活中，我们经常测量的一种量就是长度。在数学模型中，我们可以试想有一条直线，将直线上所有的点与代表它们的实数一一对应，就能得出其长度。

在这个数学模型中，即便是在看起来特别简单的情况下，我们也需要用到整套实数。毕达哥拉斯派的学者发现这个简单的问题中也有不可公度量：边长为 1 的正方形，其对角线的长度是多少？根据毕达哥拉斯定理，我们可以答出对角线的长度为$\sqrt{2}$，但是运算的结果——2 的平方根——不能用一个有理数来表示，而需借用无理数——实数的另一个组成部分。

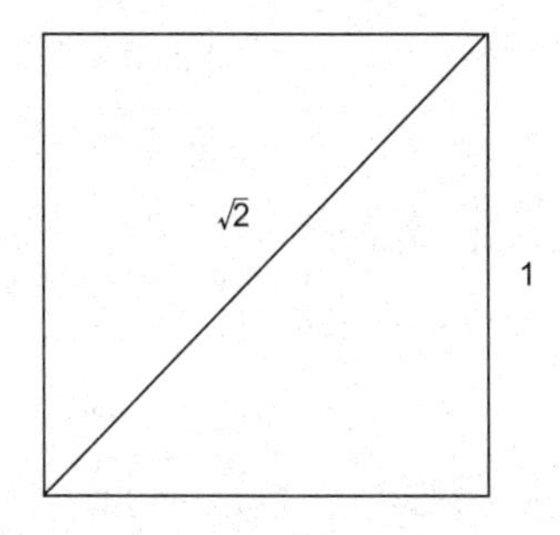

根据毕达哥拉斯定理，边长为 1 的正方形，其对角线长度为$\sqrt{2}$。
计算过程为：$\sqrt{1^2+1^2}=\sqrt{2}$

我们的希腊前辈，在早前的运算中仅使用过有理数，他们发现自己面对这样一个问题：如何在没有数字能表示测量结果的时候测量一个正方形的对角线？这个问题使他们开始讨论可公度量——通过与初始单位比较，以初始单位的倍数或分数表示测量结果——还有不可公度量，即仅用分数或比例来比较仍不能表示测量结果的量，如标准正方形及其对角线的问题。

在《几何原本》第五卷中，欧几里得（Euclid，约前 4 世纪中叶—约前 3 世纪中叶）根据应用于可公度量和不可公度量的比例论，通过为所有类型的量（无论是可公度的或是不可公度的）建立运算法则，解决了这个问题。

量值和单位

从词源来看，测量（measure）源自拉丁语的“mensura”，意思是测量、测量结果和测量工具。过去分词“metīri”的意思是测量，据词典解释，还有“比较不同单位的数量，计算出后者是前者几倍”的含义。这个单词还有一些其他的意思，比如“有确定的尺寸，有一定的高度、长度、面积、体积等等”。

我们通常将“measuring”或“measurement”理解为测量的行为和测量的结果，虽然“measurement”也用以指代“测量结果的表达式”。因此，我们可以说我们居住面积的测量结果为 110 ㎡，或者我们测量得出客厅气温为 21.5℃。而且，

“measurement”这个单词在某种意义上还可表示“用以测量长度、面积或体积的每一个单位”。我们因此可以将“品脱”当作一个容量的测量单位，而这个单位会根据国家的不同，以及表示的是液体还是固体而有所变化。

测量意味着一个抽象化的过程，我们把测量对象中某个想要强调的特性或特点提出来，将这个元素定量，使之与数字联系起来。以书为例，如果我们想把它放到某个书架上，我们则可能会有兴趣知道它的高度和宽度，可如果我们是想用这本书来做能长久保存的压花标本，那我们无疑会更想知道它的重量。

弄清量值（magnitude）的概念非常重要。尽管在词典里，对量值的第一个定义是“体积的大小”，我们却更愿意用它的另一条定义，“一种可被测量的物理特性”，因为这更接近我们在这里最重视的一个特性。国际度量衡局对于数量（quantity）的定义更加明确：“一种现象的属性；一种可以从定性的角度区分、从定量的角度确定的物体或物质。”测量的过程意味着将某个确定的量选出来用以比较，因为测量是将一个我们想确认的未知量与一个已知的并被选作测量单位的量相比较。在测量过程中，我们将确定一个测量对象与某个测量单位尺寸上的比例。

任何测量活动，都需要一个稳定可靠的测量单位，即被指定为测量标准的一个量，用来与其他同类相比较。测量结果以数字及相应的单位名称或符号来表示:25kg，30m，28s，等等。

我们对测量的需求——比如计划一次旅行、购物、销售，以及税收——导致历史上传统的测量系统一直依靠着大量的测量单位。在这些古老的系统中，测量标准往往根据人体的部位、农业或手工业相关的活动，或只根据某个族群内的习俗而建立起来。

普罗泰戈拉的名言“人是万物的尺度”说得非常贴切：人类自古便为自己制定了一系列与自己和自己的身体有关的测量标准。现在，代表身体部位的测量单位被称为拟人化单位。包括英尺（foot），把（handful）和跨步（stride）。当然，这类有着相同名称的测量单位，总是随着时代和地区的不同频繁地变化着，因此这些单位通常代表着不同量值的范围。

较长的距离是以时间单位来测量的——步行或骑马的天数、一小时的步行距离等等。这些单位被称为行程测量单位。后来人们还采用了其他单位，如斯塔德、弗隆、里格、英里、节。英里是古罗马人修建道路时就已经使用的行程测量单位，1 英里相当于 8 斯塔德或 1 000 跨步，1 跨步为罗马人五只脚的距离（1 000 跨步按今天的单位表示约为 1 375 米）。当年被英国采用的皇家英里，现在则更多的是一个美国单位，1 皇家英里相当于 1 609 米。而在航海领域，海里这个单位仍在使用，1 海里相当于 1 852 米。

传统上，测量土地时采用的单位都与工作相关，例如“journey”，指在一定面积的农田上工作所需的时间。

考虑到农田的谷物产量，农田面积的测量结果被视为这块

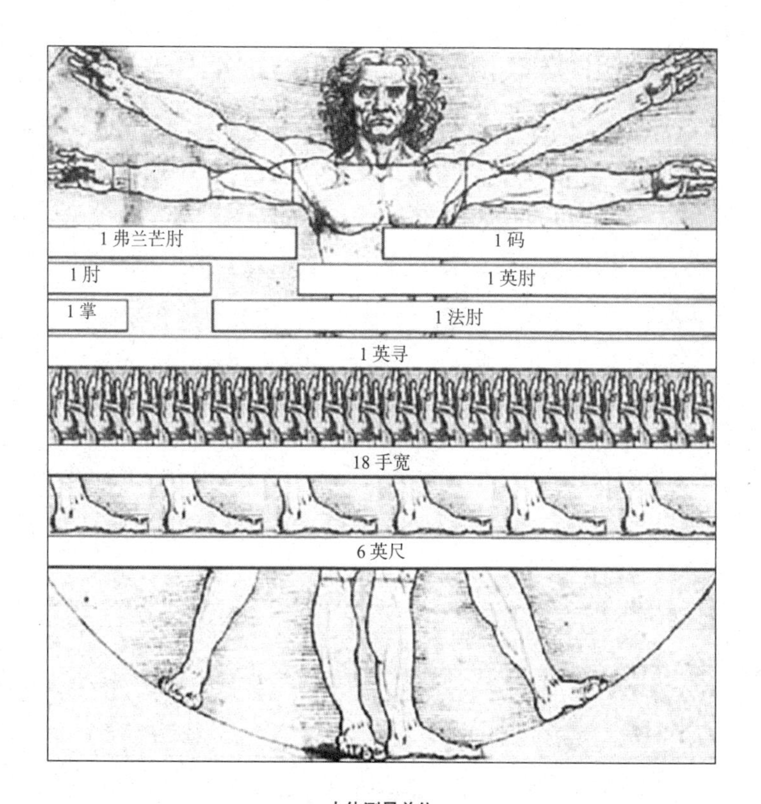

人体测量单位

地的生产力。因此这些测量单位会受一些外部因素（不只是气候）影响，也极不稳定。

传统上人们用容量来测量谷物，测量单位则是常用的容器，比如桶。这种测量方式可能会带来一些问题，如即使是使用相同的测量工具，测量结果也可能会不相同。因为这可能是水平填满容器得出的测量值（只量到边缘），也可能是谷物冒尖时得出的测量值（谷物堆积高过边缘）。

十进制和其他进制

当今世界，对大多数人来说最熟悉的进制就是十进制，尽管在少数几个国家，十进制只在不同程度上和其他进制一同并用着。准备婴儿的奶瓶或服药时，我们会按说明书量好规定的毫升数，如果打算买一套公寓，我们则会考虑它有多少平方米。

但这并不意味着我们不会同时使用不是十进制的测量单位。比如在英国，人们用英里而非千米来表示城市间的距离。还有计时。我们的时钟用分钟表示时间，但我们并没有给 10 分钟的时间段一个特别的名称，也没有赋予它任何特殊意义，相反，我们给了 60 分钟一个特别的意义。同样，1 分钟并不等于 10 秒钟。再看两个例子，表示手套或鞋子尺寸的数字，也不是用厘米或其他十进制的单位表示的。我们现在甚至还会使用一些并不属于任何进制的测量单位，来描述我们想指出的一个物体的某些方面。

在现代科技的背景下，我们可以发现一些不符合十进制但却十分有用的测量单位。一个典型的例子就是德国标准化研究所（DIN）制定的纸张尺寸规格。尽管还有其他纸张规格，如对开、四开或十二开，但使用最广泛的却是 DIN A4（210mm ×297mm）。世界上大多数地区使用的纸张尺寸都采用德国标准化研究所在 1922 年制定的德国标准。不久后，DIN 标准被 ISO（国际标准化组织）采用。大多数家用与工业用复印机和数码印刷机都是根据 DIN 纸张规格来设计的。

该规格的制定有三个条件：第一，不同规格纸张之间的长边和短边之比必须相同；第二，在两个相连的尺寸中，前面一种的纸张面积必须为后面纸张面积的两倍，这样每一种规格的纸张切开后，都可以形成两张相同的下一个规格的纸张；第三也是最后一个条件是，最大的纸张规格为 A0，面积为 1 ㎡。

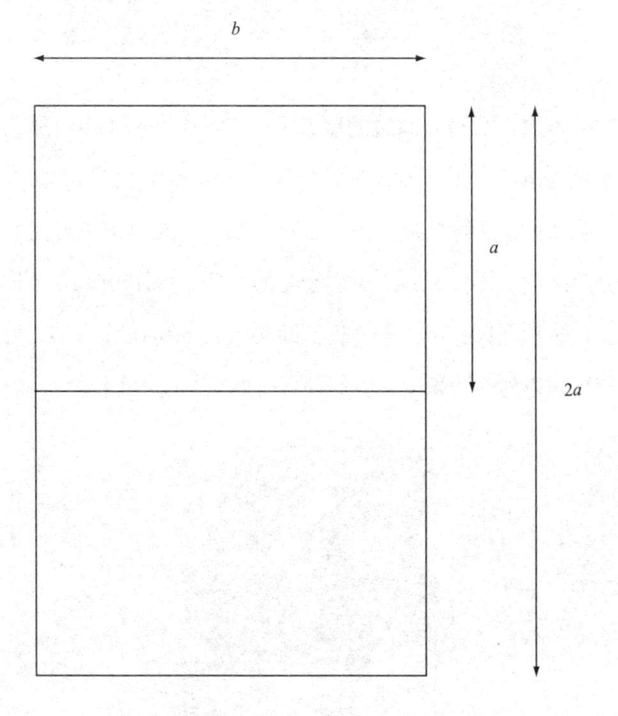

该纸张规格要求纸张在对折后，边长的比例保持相同。

我们如何找出长边与短边的比例呢？如果开始我们有一张分别由 a 边和 b 边构成的矩形纸张，那么比之大一号的纸张边

长即为 $2a$ 和 b。为了保持各边比例相同，可应用下面的公式：

$$\frac{b}{a}=\frac{2a}{b}$$

因此：

$$b^2=2a^2 \Rightarrow \frac{b^2}{a^2}=2 \Rightarrow \left(\frac{b}{a}\right)^2=2 \Rightarrow \frac{b}{a}=\sqrt{2} \Rightarrow b=\sqrt{2}a$$

换言之，长边与短边的比必须为$\sqrt{2}$。如果我们有一张符合这个规格条件的纸，那么被等分时，这个比例是相同的。

从 A0 规格的纸张开始，下一个尺寸（A1）可以通过将长边分为两段，再将 A0 的短边换成 A1 的长边而得到。如下图所示，在 A1 纸上重复这个过程，即将较长的边一分为二，而保持较短的边为相同长度，我们即可得到 A2 的尺寸，以此类推。

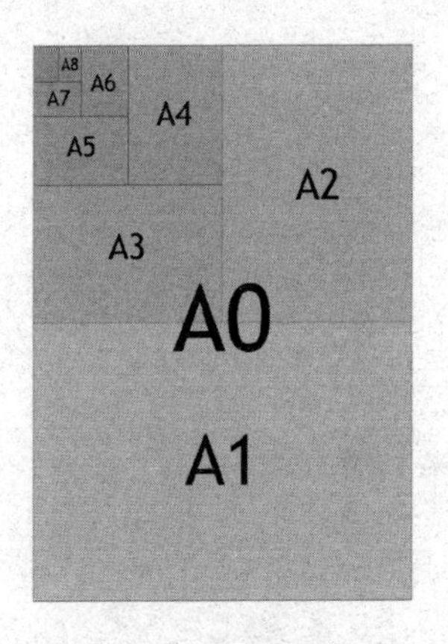

DIN 规格的尺寸

计算 A0 规格的尺寸

一个由 a 边和 b 边构成的矩形，面积必须为 1m^2，同时，边长之比必须为 $b=\sqrt{2}\cdot a$

$$\left.\begin{array}{l} a\cdot b=1\ \text{m}^2 \\ b=\sqrt{2}\cdot a \end{array}\right\}\Rightarrow a\cdot a\cdot\sqrt{2}=1\ \text{m}^2\Rightarrow a^2\cdot\sqrt{2}=1\ \text{m}^2\Rightarrow a^2=\frac{1\ \text{m}^2}{\sqrt{2}}\Rightarrow$$

$$\Rightarrow a=\sqrt{\frac{1\ \text{m}^2}{\sqrt{2}}}\Rightarrow a=\frac{1\ \text{m}}{\sqrt[4]{2}}\Rightarrow a=\frac{1}{1.189}\ \text{m}\Rightarrow a=0.841\,\text{m}$$

已知 a 的值，我们可以很容易算出 b 的值：

$$\left.\begin{array}{l} a\cdot b=1\ \text{m}^2 \\ a=0.841\,\text{m} \end{array}\right\}\Rightarrow b=\frac{1\ \text{m}^2}{0.841\,\text{m}}\Rightarrow b=1.189\ \text{m}$$

因此 DIN A0 规格测量结果如下：

$$\text{DIN A0}\left\{\begin{array}{ll} \text{宽} & =\dfrac{1}{\sqrt[4]{2}}\text{m}=0.841\,\text{m} \\ \text{长} & =\sqrt[4]{2}\ \text{m}=1.189\,\text{m} \end{array}\right.$$

直接测量与间接测量

测量可以直接进行，比如用温度计测量气温，也可以间接进行，即需要先得到其他测量结果，再获得需要的测量结果。如果一个测量活动是用专门为了这个目的而制作的测量工具进行的，那么我们称之为直接测量。在这种情况下，我们比较被测量的量（变量）和另一个具有相同物理性质的量（即测量工具）。例如，我们比较一个物体和一个标准单位，以此得出长度。

测量技术是决定测量结果的策略，比如计数、估测、使用公式和利用工具。这些工具是大多数人都会实际应用的，比如我们都很熟悉的尺子、卷尺、量匙、称重机等等。

也许我们不能进行直接测量，是因为有些量值（变量）我们无法用具有相同特性的标准直接比较，或者是因为我们想要测量的量值过大或过小，没有足够的测量工具可供使用。在这些情形下，测量结果必须根据一个能算出另一变量的变量来计算。在这样的例子中我们进行的就是间接测量。

三角形在使用公式和比例间接计算测量结果时起着重要的作用。数学史上有许多关于它的研究，其中一个是在不同时期和地区的文化中都得到广泛验证的毕达哥拉斯定理。古埃及、希腊、非洲、中国、印度和欧洲其他国家的数学家都通晓这个定理。而另一个三角形起主要作用的例子是相似三角形定理，或称泰勒斯定理，这个定理提供了间接测量的方法。

三角形在三角学的发展史中也起着根本的作用。许多世纪以来，三角学和天文学紧密相关，为勘测太空提供了运算的基础。三角形也是构成三角测量法的数学基础，这个方法被用于测量类地行星间的经线弧，我们将在后面的章节中对此加以介绍。

让我们来看看使用图形相似性的数学概念进行间接测量的运算，这次的例子来自直角三角形。我们希望测量一座很高的塔（或建筑）的高度。因为某种原因，我们发现不能登上塔顶进行直接测量——例如通过在顶部悬挂绳索或卷尺进行测量。尽管如此，我们仍可用一个简单的间接测量法算出塔的高度。

在靠近塔的地方，我们放置一个垂直的物体（比如一根杆子、一截柱子），测出它的高度。接下来，只要再测量出这个物体的投影长度和建筑物的投影长度，我们就能计算出塔的高度。如何计算呢？鉴于太阳和地球的距离无比遥远（约150 000 000 km），我们可以认为照射到塔顶的阳光和照射到物体的阳光是彼此平行的。因为被比较的两个三角形是相似三角形（都有直角，且其余两个角相等），所以物体的高度与投影的比例跟塔或建筑物的高度与投影的比例是相同的，因此，只要计算出这个比例就可以根据已知量推导未知量。

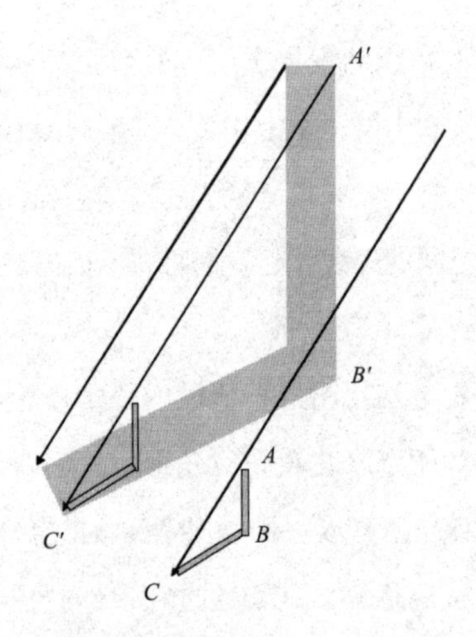

通过比较塔的投影和晷针的投影测量塔高

设 $A'B'$ 为我们想要计算的高度，$B'C'$ 为塔（或建筑物）的投影长度，AB 为垂直物体（杆子或晷针）的高度，而 BC 为其投影的长度，则

$$\frac{A'B'}{B'C'}=\frac{AB}{BC}$$

我们可以说：

$$A'B'=\frac{AB}{BC}\cdot B'C'$$

这个简单的数学推理使我们可以将长度的直接测量结果放

到一个间接测量的公式中，来计算塔（或建筑物）的高度。

正如我们所见，数学是取得准确测量结果的最佳工具。从古至今，人类一直在努力地找寻有关这个世界的答案，想了解我们所处的环境并试图掌控自然。从很早开始，几乎所有人类都想要计量时间并建立一套历法，人们还一直想了解我们居住的这个世界的一切，希望都能够对这个世界有一个全球观，或者说宇宙观。当人们不再受神话故事的禁锢，就试图找出自己居住的这个世界的真实尺寸，想要测出地球的形状。与此相矛盾的是，不论是测量时间还是测量我们居住的这个物质世界，我们都必须面对一个我们无法接近的世界，即天体的世界。正如我们稍后会看到的那样，从某种程度上说，对天体活动的系统观察以及人们对理解这些天体活动的热情，最终使得人类有能力进行更多这样的测量活动。

第二章

测量天空

古代文明早已知道很多自然现象都具有周期性。春夏秋冬，周而复始。眼见菜蔬葱茏、作物繁盛、瓜果丰盈，再逐渐落叶缤纷。周期结束，稍后又重新开始。

通过对天空的观察和对周期变化的系统记录，人类将这些自然现象与他们在生活环境中所观察到的变化联系起来。对这种联系的认识使得人们开始研究天体的位置和运动（天文学），并尝试预测地球上发生的自然现象，例如季节变换，由此形成了世上万物都受天体影响的观念（占星学）。

无论从哪方面来看，测量天空都变得非常必要。而数学，尤其是几何学与三角学成为这项研究最重要的工具，希腊人还发展出一套复杂的数学天文学解释天体的视运动，尤其是行星的视运动。

希腊的理性思维和宇宙观

如果我们认为科学是借助逻辑和数学思维来理解、描述并系统解释自然现象的工具，那么西方科学的起源就应该追溯到希腊和希腊化时期的传统。当时人们对天体运动的研究，以及对如何用数学模型来理性解释物理现象的思考，成为现代物理学的起源。

总的来说，古代的宇宙观（宇宙学）明显具有神话性质，人们选择的解释都与超自然的力量有关，但古希腊的哲学家却带来了一个理性的宇宙观。从公元前 6 世纪开始，充满想象力的伟大的希腊思想家就在努力为所有的自然现象提供一个与神话无关的理性解释。他们认为自然现象是由确切的因果关系决定的，自然界的变化跟一些基本原理有关，这些原理清楚地解释了现象产生的原因。

宇宙的两个主要特性

希腊人运用理性思维，设计复杂的数学模型来解释、定量、预测各种天象。想理解这种思维的伟大之处，我们需要暂时忘记学过的知识，并将自己置身于公元前 4 世纪初的文化环境中。只有这样，我们才能真切体会他们的成就蕴藏多大的智慧。公元前 4 世纪，希腊人已经收集了天体运动的详细数据，并开始总结有关天体运动的数学理论。那些数据是什么样的？哪些“现象”又“必须记录”——换言之，天象观察结果的理性解释是什么呢？

阿那克西曼德与类比推理

爱奥尼亚的哲学家阿那克西曼德（Anaximander，约前610—约前546）宣称“星星是一团团被压缩的气体，形似车轮，熊熊燃烧，不时从细小的缺口中喷出火焰”，他以类比推理的方式解释星象。这种解释令我们发笑。但在他的时代里，这却是人类在否定超自然力并尝试用自然原理阐释星象过程中向前迈出的重要一步。

《雅典学院》（局部）（1510—1511）中出现的阿那克西曼德（拉斐尔绘）

在对天空进行系统观察后，我们可以辨明两个重要事实。第一个与太阳的周日运动和恒星运动有关，第二个跟行星运动有关。我们来看一下，古代的埃及、美索不达米亚和希腊的天文学家所接触到的这两方面的主要观察数据。

太阳周日运动与恒星运动

利用晷针（一根垂直放置于水平地面的杆子）对太阳的周日运动进行系统的定位观察，你会发现晷针投影的长度和方向在整个白昼都变化着，缓慢且持续，这可以为我们确定太阳的方向。

晷针在地上的投影按一个对称的扇形转动。这个图形每天都有变化，但每天晷针投影变得最短的那刻，投影总是指向相同的方向。

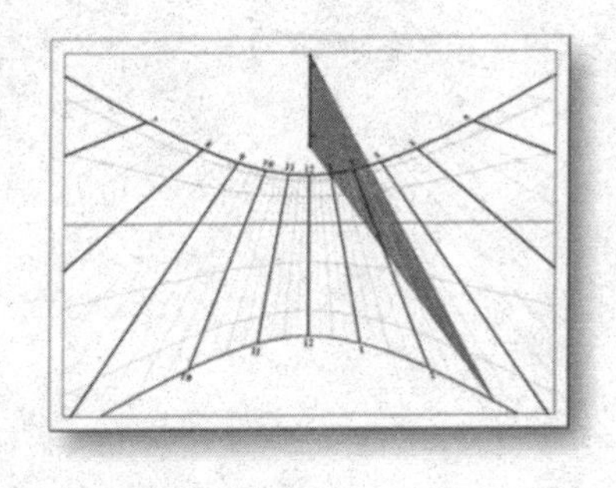

左图为美国科罗拉多州普林斯市奇努克路小学里的日晷纪念碑；
右图为从晷针投影末端画出的线条。

晷针的这一特性使我们可以确定正北方向（每天晷针投影最短时所指的方向），并由此确定南方、东方和西方。同时可以确定的还有当地的正午时刻（晷针投影最短的那一刻）以及太阳日的时长（将连续两个正午分开的时间间隔，即24小时）。

太阳从地平升起的方位每天都在变化：它逐步从东方位点（春分）移向更北的位置（夏至），再从那里移向东方（秋分）并继续向南移动，直至再次改变方向（冬至）移向东方，然后重复这个循环。太阳从西边落下的方位也同样发生着变化。一年因此可以被定义为连续两个春分之间的时间间隔。

日照时间每天都有变化。冬至是一年里日照时间最短的一天，晷针在这天正午的投影是一年里最长的。夏至是一年里日照最长的一天，而晷针在正午的投影是一年中最短的。

总的来说，太阳日出日落的方位是和季节的变化相对应的。太阳每24小时升上一次天空，它的高度也随着季节变化

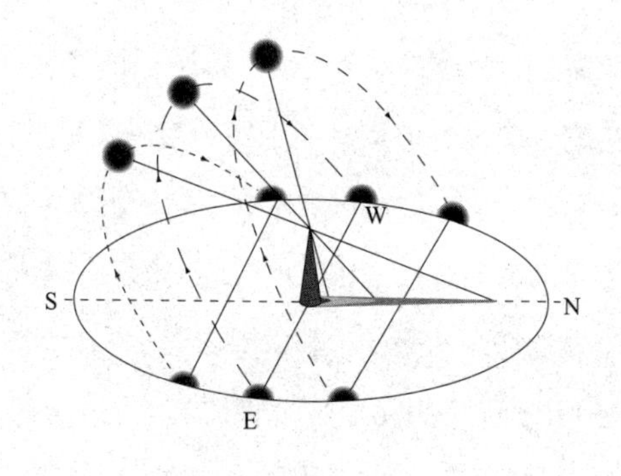

太阳的周日运动

而改变。

对夜空进行系统观察后，我们发现恒星的相对位置在短期内是不变的。因此观察者可以参照星座和相邻恒星组成的星群（任意群）制作星图。

恒星（在天球上）自东向西绕着地球转动。这种运动因为与同样向西运动的太阳的周日运动相似而被称作天体周日运动（或天体周日视运动）。

在地平上空的北方，有一个靠近北极星的P点，我们称之为北天极，附近恒星的旋转轨迹都呈圆弧形。有些恒星与北天极的角距离小于或等于它们与地平（N）的角距离，因而从来不会消失在地平以下，正如下页图所示。这些恒星在晚上的任何时间都能看见（只要夜晚的可视度好且地平线清晰可见），被称为拱极星。

周日圈（diurnal circle）是指恒星在周日运动中所遵循的圆环运动路径。（这个术语还有些不完美之处，因为严格来说，几何学中“circle”指代的是圆周的内部空间）。一颗恒星到北天极的距离越远，就越难看清它的圆弧运动路径。

恒星走完一个完整的周日圈（回到与先前相同的位置）大约要23小时56分。人们通过这个观察结果定义了恒星日，即一颗恒星连续两次通过同一位置的时间间隔。一颗从正东方升起的恒星遵循的视运动路径，和太阳在昼夜平分点的视运动路径（天赤道）几乎完全相同。在地平上方靠近南方位点的附近，恒星不会升得太高，而且它们升空后会很快隐蔽起来。

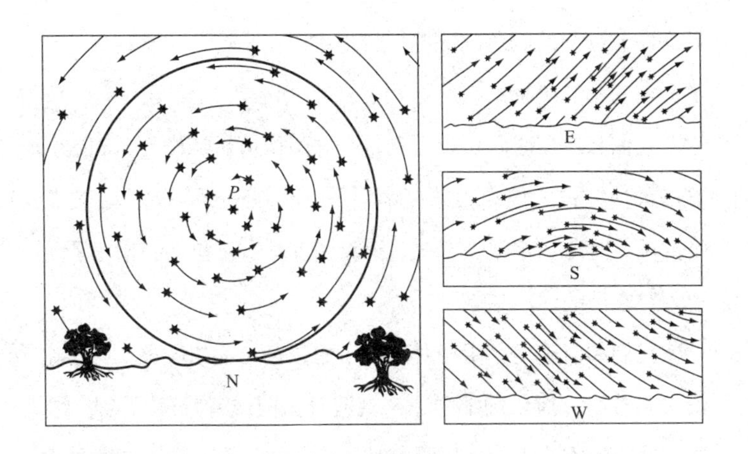

在不同方向观察恒星的视运动：
北（左），东（右上），南（右中），西（右下）

希腊人知道如果他们离开原先的观察地点向南移动，例如朝着埃及的方向，北天极的高度就会以每 110 千米 1° 的速度降低。某些拱极星不再出现。原先从东方位点升起而在西边落下的恒星还会继续运行，但它们的路径变得越来越垂直于地平圈。最后，他们看到了越来越多之前看不见的恒星，那些靠近南方位点的恒星升得更高，看得见的时间也更长。

总的来说，恒星运动的主要特点是，恒星做自东向西的周日运动，每 23 小时 56 分钟走完一个周日圈。

行星运动

在上一节中我们提到了天空的周期运动，一些敏锐的观察者却注意到与此相关的一些异常现象，正是这些异常现象构成了天空的第二个特点。

我们只靠裸眼就可以看到 7 个并不像恒星那样处于固定位置的天体，古人称之为“流浪者”（wanderers）或行星。它们是太阳、月球、水星、金星、火星、木星和土星。我们来看看古人对它们的观察结果。

我们如何确定太阳相对于恒星的位置？正如埃及人、巴比伦人和希腊人所做的那样——观察日出前或者日落后的星空。通过这样的方法人们可以观察到，比起前一天，太阳在群星中所处的位置大约向东移动了 1°。太阳需要 1 年的时间回到它在星空中或天球中相同的点上。这就是黄道的来历，其原意为太阳通过恒星群的视路径。

太阳在黄道上运行时要经过 12 个星座，依次为：白羊座、金牛座、双子座、巨蟹座、狮子座、处女座、天秤座、天蝎座、射手座、摩羯座、水瓶座和双鱼座。这 12 个星座因为大众占星学而广为人知，它们所处的宽约 16° 的区域就叫作黄道带。

在太阳沿黄道所做的视运动中，太阳在两个分点通过天赤道，然后继续移动直至到达最大约 23.5° 的两个至点（虽然互为相反的方向）。希腊人在希腊（北部）观察，发现太阳冬天在黄道上的视运动速度要比夏天快一点儿。

行星和太阳一样，在周日运动（西行）的同时，也在向东慢慢移动。

月球和太阳的视角度相似，都约为半度。相较于太阳，月

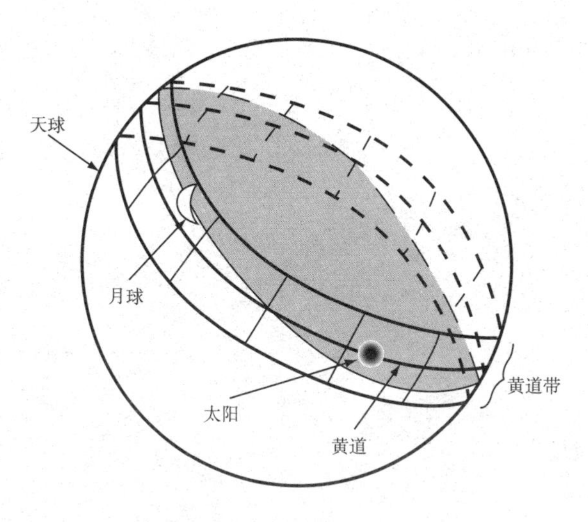

太阳和月亮在黄道带的视路径

球向东运行的速度更快，也更不规则。月球在黄道带上向东运行一周需要 $27\frac{1}{3}$天。一般来说，行星在黄道带上向东环绕一周平均所需的时间叫作平恒星周期。以月球为例，这个周期被称为恒星月，其实际的时长跟估测的平均值可能最多有约 7 小时的差异。

月面的可见形状随时间推移而有明显变化，换句话说，我们在北半球观察的月相依次为新月（此时的月面是看不见的）、上弦月（可见的月面为“D”形的半圆）、满月（整个月面全部可见）、下弦月（可见的月面为“C”形的半圆）。两次满月之间的周期（朔望月或平朔望周期）为 29.5 天，其实际的时长和平均值可能最多有半天的差异。最后，我们可以观察到月球在星空中的视路径有时会与黄道相交，然后继续移动直到与之形成一个最大约 5° 的交角，先朝一个方向，再朝相反方向。

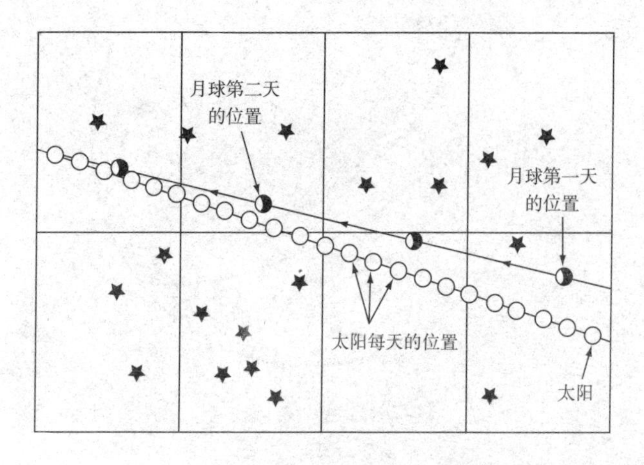

太阳和月亮在黄道带上的视路径

水星、金星、火星、木星和土星是五颗在天空中明亮可见的行星。人们对它们的平恒星周期进行了计算，得出几个不同的数值：水星是 1 年，金星是 1 年，火星是 687 天，木星为 12 年，而土星是 29.5 年。当然，它们所有的实际恒星周期与这里所列的数值都有出入。

行星自西向东的运动被称为正常运动或自行。可以观察到，这五颗行星在自行过程中都不是匀速的。而且，最令人惊奇的观察结果是，在它们向东的自行过程中会有周期性的后退、停滞现象；某段时期，它们会在视路径上掉头朝西，然后再回到自行的轨道上来。在逆行过程中，这些行星会显得更明亮。

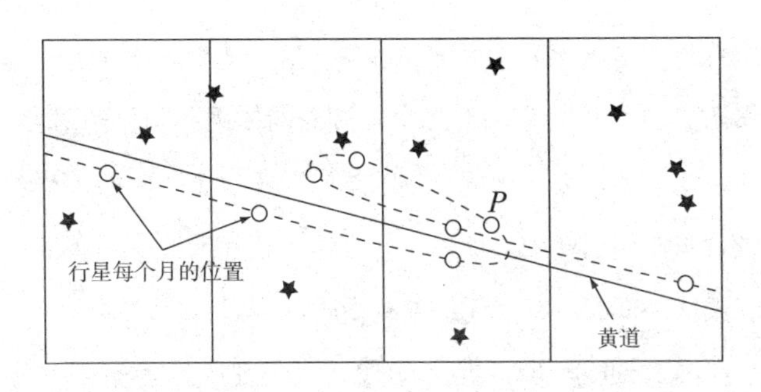

行星的逆行

水星每 116 天就会在自行过程中改变方向，金星的间隔是 584 天，火星为 780 天，木星是 399 天，而土星为 378 天。这些数值是它们的平朔望周期，即两次逆行间隔的平均时间。

水星、金星和太阳的角距离从来都不会太大，而火星、木星和土星则不受此限制。

总结一下，行星除了和恒星一起做自东向西的周日运动外，每天晚上都会相对于黄道十二宫向东移动（正常运动或自行）。除了太阳和月球，行星会周期性地中断它们的正常运动出现逆行。第二个有关天空的事实很难跟第一个事实联系起来，所以接下来所有行星理论的历史都可被视为一系列试图为两者建立联系的努力。

第一种解释：两球宇宙

古希腊哲学家逐渐开始建立一种几何性质的概念模型，用来解释他们所观察到的大部分现象。这个从公元前 4 世纪起被大多数古希腊哲学家和天文学家接受的体系，叫作两球宇宙。该体系认为地球是一个静止的球体，位于一个更大的、绕着固定轴自东向西旋转的天球内——天体包括北天极——还带着恒星。天球外部既没有空间也没有物质。

在这个框架下，从公元前 4 世纪到尼古拉·哥白尼（Nicolaus Copernicus，1473—1543）时代的 2 000 年间，不同的互相矛盾的天文和宇宙体系开始形成。而实际上这个框架的真实性自建立以来几乎没被质疑过。

这个模式并不能解释所有的天体运动，尤其是行星的运动，却非常简要地解释了天体运动的第一个特征。只要满足一些前提条件，这种模式可以忽略大量单个的观察，而且可以预测恒星未来的位置。我们所需的几个前提条件包括：天球自东向西旋转一周的时间是 23 小时 56 分钟，太阳沿着大圆的圆周（黄道）自西向东旋转一周的时间是一年，黄道与球体赤道（天赤道）的夹角是 23.5°（实际为 23°27'）。当太阳在黄道的位置被固定时，那一天太阳将平行于赤道旋转一周。

两球宇宙的几何模型并没有被彻底遗弃。由于在确定天体位置时方便易行，它仍然适用于现代天文观测。对天体定位（确定坐标）是需要测量角度的，因此我们可以想象天体在一个球体上。

希腊人提出了强有力的证据证明两球宇宙模型是成立的。希腊文化非常重视美学，因此美学观点被应用于此也不足为

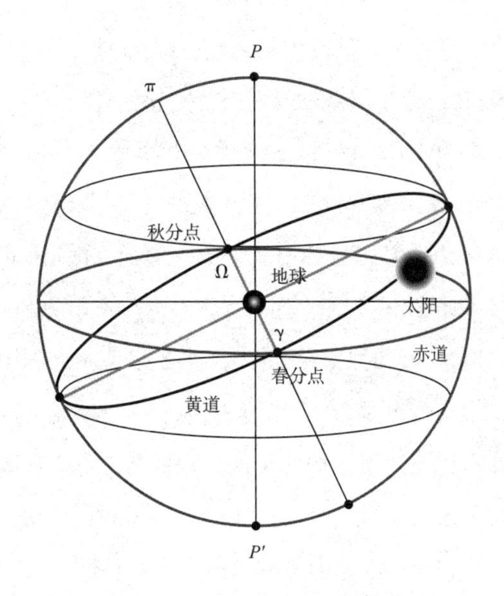

两球宇宙

奇。既因为球体便于天体定位，也因为地球本身也被认为是球形的。球形被希腊几何学家当作完美的图形，因为当它绕着轴心旋转时，每个球面所占的面积永远都是一样的。不仅如此，天球的概念也能合理解释为什么当恒星在做视运动时，看起来像是在转圈。地球应该是球体，其依据不仅出自审美观点，也在于当人们在高地观察时，发现出航船只的船身在桅杆消失前就已看不见，而返航的船只总是先出现桅杆，再出现船身。而且，当发生月食时，地球在月球上的投影总是一道弧形的边。

当然地球必须位于天球的中心（地心论），这不仅是因为要保持这个模型的对称，也因为只有地球在球体中心才不会下落。地球在所有方向上都朝上，才不会坠向任何一边，而只会稳定在天球的中心。最后，该模型对地球静止不动（地心论）的解释，是人们根据恒星的位置所做的观察，以及对物体在空中运动的常识，或者说根据一块石头垂直向上抛出后的运动轨迹的观察，而做出的判断。

对于恒星，当时的数据并不能测量出恒星之间相对距离的变化（没有恒星视差），而这种变化在地球运动时可以观察到。现在我们知道这种变化无法测量到是由于地球与恒星的距离太过遥远所致。最后，如果地球真的在运动，那么空中的物体，比如小鸟或向上抛出的石头就会因为地球的移动而落到后面，而如果地球在旋转，悬挂在空中的物体也会被抛起。我们还应该感受到地球运动带来的持久不断的强劲风暴。但我们并没有看到上述任何一个现象发生，所以地球没有运动。

第二种解释：几何天文学

据说柏拉图（Plato，前 427—前 347）问了学者们这样一个问题："是什么规律且有序的运动使得我们可以假设我们能够解释行星运动现象？"由此，他为我们正在讨论的古希腊天文学的研究体系奠定了基础。

柏拉图去世后在雅典学院展出的柏拉图头像（罗马复制品）

圆周运动的原理

对于柏拉图这位希腊学术界的创始人来说，真相要在概念和纯形式的世界中才能发现，所以他并不重视试验。我们可以列举柏拉图研究法的三个特点，它们对以后的天文学和宇宙观都有或多或少的影响。第一个是对观察结果的轻视或怀疑；第二个是确信宇宙是按照一个完美的几何图形创建的；第三个就是建立了天体匀速圆周运动的基本原理。柏拉图对宇宙观的看法在他的对话集《斐德罗篇》《斐多篇》《理想国》《蒂迈欧篇》中都有记录。

在《理想国》中，柏拉图提到了8个套在一起的且边缘为圆形的纺锤。然后，他写道："整个大纺锤在旋转，套在里面的7个纺锤也缓慢地旋转着，但方向却是相反的。"很明显，他所谓的7个套在里面的纺锤指的就是行星。从柏拉图开始，所有严肃的天文学或宇宙观中都包含这种错误的行星运动。柏拉图关于匀速圆周运动的假设为后世留下了巨大的影响。行星圆周运动的谬论在天文学中盘踞了2 000年之久。

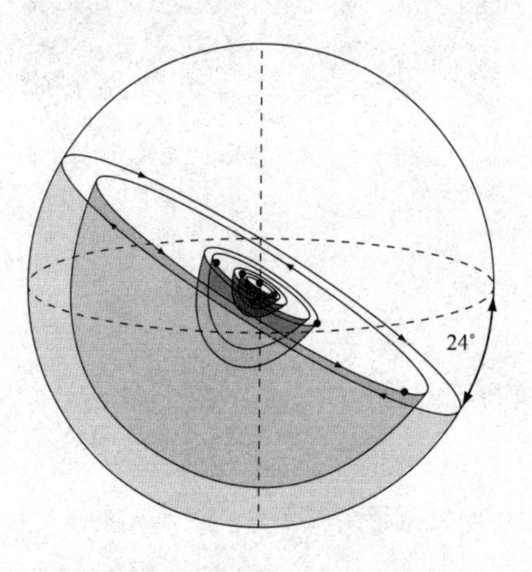

根据柏拉图对话集推导的柏拉图宇宙观示意图

同心天球体系

克尼多斯的数学家欧多克索斯（Eudoxus of Cnidus，前390—

前 337）为那个传说是柏拉图提出的问题交上了第一份严肃的答卷。他提出了一个精妙的同心天球体系，在这个体系中，他在圆周运动的基础上对行星运动做出一个精妙的解释。

在他的同心天球体系中，欧多克索斯认为每个行星都有几套嵌套在一起，和地球同心的球体——太阳有三套，月球有三套，其他行星（水星、金星、火星、木星和土星）是四套。要解释所有恒星的运动，只需要一个球体。因此，要解释全部天体运动，他一共需要用到 27 个球体：

3（太阳）+3（月亮）+20（4×5，行星）+1（恒星）=27

不过，欧多克索斯并没有将每个行星的同心天球运动联系起来。它们的数学模型彼此都是独立的。

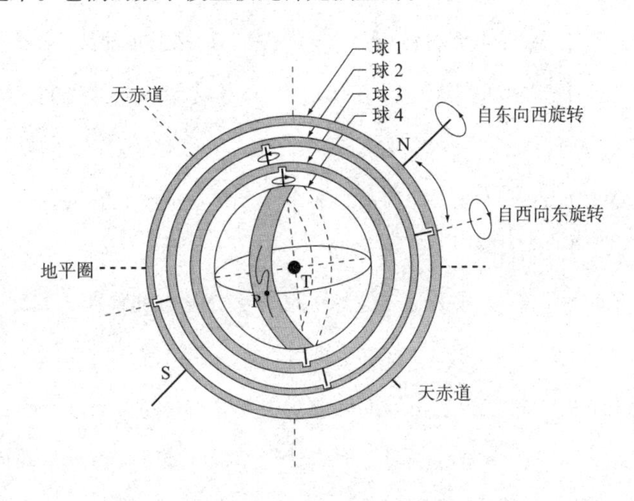

欧多克索斯的行星同心天球体系

水星、金星、火星、木星和土星都与四个球体按上页图的方式相连。行星在最里面的球（球 4）的赤道上，球 4 的轴心（地极）与另一个与它同心但更大一点的球（球 3）相连，以此类推，球 3 的轴心与球 2 相连，球 2 比球 3 更大，并且也与先前的球同心。最后，球 2 的轴与最后一个球（球 1）相连，球 1 比其他球体都大，而且也都与之同心。

这样，每个球的轴心（以及每对南北极）由于紧邻球体的运动而运动。所有球都围绕自己的轴心不停地以不同的速度旋转。

这四个球体在解释行星运动时有什么作用呢?

首先，球 1 的轴心为南北向，每天自东向西旋转。球 1 解释了行星的周日运动，它与恒星的同心天球相对应，并且导致其他球体运动。球 2 的轴线与球 1 的轴线相交的角度几乎等于黄道和天赤道的交角，它自西向东以行星的公转周期的速度旋转。这解释了行星的自行（自西向东）。球 3 的轴线（两极）在前一个球的赤道（在黄道带上），球 3 旋转一周的时间为两次逆行之间的间隔（会合周期）。最后一个球（球 4）的轴线与球 3 的轴线有一定的角度（一个小角度），球 4 的旋转速度相同，但方向相反。

如果我们从球中心（地球）的角度出发，只看球 3 和球 4 结合在一起的运动，会发现行星沿着一条叫马镣线的曲线（球面双纽线，即球面上呈∞形的曲线）运动。因此从球中心看出去，行星会绕着中心旋转，但由于行星的运动是球 2（自西向东地缓慢运动）和球 1（自东向西地运动）引起的，因此行星所有的视运动都能被看见，包括逆行。

因此每个行星都会呈现出围绕地球自东向西的周日运动、沿着黄道自西向东的自行以及逆行运动。

双纽线

马镣线或球面双纽线出现在欧多克索斯的同心天球模型中。在平面上，双纽线是于中心点相连的两个圈环，如图所示。

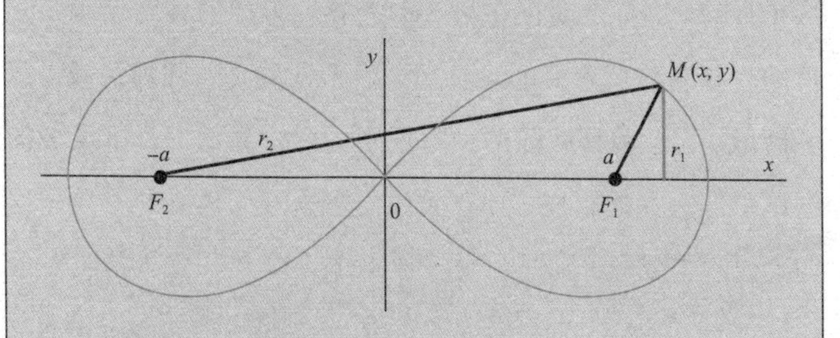

在平面上，可以通过下面这个方程式描述双纽线：

$$(x^2+y^2)^2=2a^2(x^2-y^2)$$

$2a$ 是焦点 F_1 和 F_2 之间的距离。瑞士数学家雅各布·伯努利（Jakob Bernoulli，1655—1705）在 1694 年将双纽线描述为椭圆的变体，因此该曲线也被称为伯努利双纽线。椭圆是一条曲线，定义为平面上的一系列点，这些点与两个固定点（焦点）F_1 和 F_2 的距离之和为常数，则双纽线应定义为平面上的一系列点，这些点到两个焦点的距离的乘积恒定。

亚里士多德的宇宙观

亚里士多德（Aristotle，前 384—前 322）是一位将那个时代的所有知识都系统有序地归纳起来的伟大哲学家。他是柏拉图的追随者，创立了自己的学校雅典吕克昂学园。亚里士多德把同心天球体系编入自己的宇宙学说，用来解释行星的运动，为古典物理学奠定了基础。

亚里士多德认为，从地球到月球的月下区域，与天体区域（月球之外）之间存在很大的差异。天球的旋转运动是永恒的、规则的、不变的，与之截然不同的是，陆地区域（月下区域）的运动是有限的、不规则的和短暂的。月下区域的物体由四大元素组成：土、水、气和火。天体则并不是由这四大元素构成的，而是由另一种叫作“以太”或“精质”的

亚里士多德的大理石半身像，收藏于罗马的阿尔腾普斯宫

纯粹的、不变的、透明的物质构成。以太是不变的，因此天体也是永恒不变的。

亚里士多德的宇宙观采用了由基齐库斯的卡利普斯（Callippus of Cyzicus，前370—前300）改进的同心天球学说。卡利普斯将欧多克索斯模型中的球体数量从27个增至34个。但是基于亚里士多德的系统性思维，这些几何模型新增了物理现实。他认为一个关于天体的几何系统必须符合力学，且能够适用于物质和运动的基本概念，才可以被接受。

他因此创建了一个单一的同心天球模型，所有的天球都连接在一起同时运动。最外层的天球导致了其他天球向西运动。为了防止任何一个与行星相连的天球对其他里层的天球施加外力引起运动，亚里士多德在每个行星和下一个行星（即里层的天球）的同心天球之间，加上了前一个（外层）行星的抵消天球，抵消天球绕着相同的轴线以与前一个（外层）行星相同的速度反方向旋转。加上这些反方向旋转的天球，球体的总数量达到56个，它们互相接触，组成了一个同心天球体系。

同心天球学说在古代就有了批评者。在这个学说中，某个指定的行星与地球的距离是不变的，因此有很多现象都很难解释，比如行星在逆行时亮度的变化，而这一般可以解释为行星靠近地球时的现象。

亚里士多德为古典物理学奠定了基础，他通过清楚地定义天体动力机制（天体区域）和月下动力机制（月下区域），分

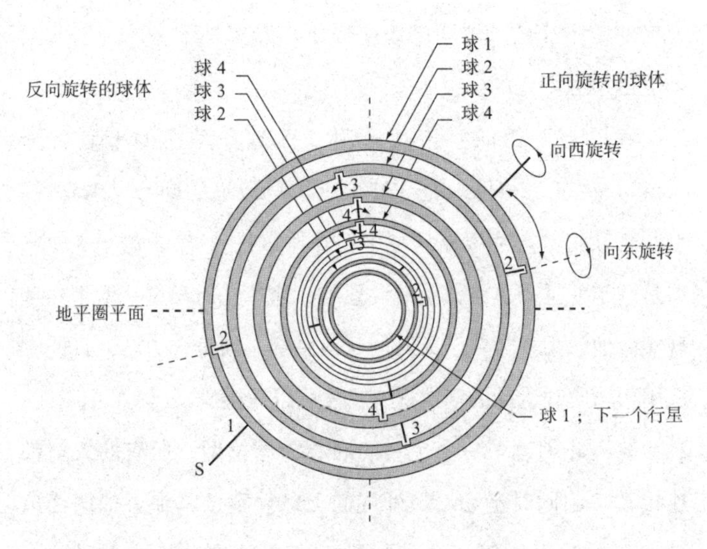

亚里士多德的反方向旋转天球模型假设最初的四个球体对应的是土星，那么，球 1 会推动其他球体自东向西运动，同时因为行星跟着三个相反方向转动的天球（球 4、3、2），所以其他三个天球（球 2、3、4）的运动就会被抵消。

析、解释了天体的运动。亚里士多德的物理学学说因为详尽连贯，与人们的常识和日常经验吻合，所以被 60 代人奉为教旨，并且成为亚里士多德宇宙学说的重要组成部分。

亚里士多德不仅认为宇宙以地球为中心、系统内力平衡，而且是圆形的，他还为证明这些假设提供了杰出的解释。亚里士多德的宇宙观将天文学和物理学联系起来，形成一个完整的学科体系，一个真实的世界体系，成就了宇宙物理学。毫无疑问，除了少数例外，如萨摩斯的阿里斯塔克（Aristarchus of Samos，前 310—前 230），实际上所有的希腊、阿拉伯和欧洲其他国家的天文学家，无论有否保留，都采用了亚里士多德宇宙观的基本观点：宇宙是封闭的、有限的；地球位于宇宙中心静止不动；两个区域——天体区域（月上）和陆地区域（月下）有本质区别。

萨摩斯的阿里斯塔克

人们对萨摩斯的阿里斯塔克所知甚少，他是吕克昂学园的第三任领袖兰普萨库斯的斯特拉图（Strato of Lampsacus）的弟子。我们对他的了解都基于他的著作《论太阳与月亮的大小和距离》以及后世著作中对他作品的一些摘录。他是那个时代公认的天文学家，也是知名的数学家，并被认为是一个有着渊博学识、精通各个学科的人：几何学、天文学、音乐……与他同时代的阿基米德（Archimedes，前287—前212）曾在《数沙者》这本书中提到阿里斯塔克认为恒星和太阳是静止不动的，而地球围绕着太阳旋转。

《论太阳与月亮的大小和距离》是一本天文学书籍，阿里斯塔克运用几何学方法计算出了天体间距离的比率，用现在的话说，可以用角度的正弦形式来表示。他所运用的几何学方法来自欧几里得《几何原本》第五卷，即欧多克索斯的比例理论。这些几何学方法也参考了其他的比率，即我们所说的三角学的基础。阿里斯塔克看起来对这些知识都非常精通，并将其用作几何工具。他把地球到太阳的距离与地球到月亮的距离相比较，计算出前者约为后者的20倍（实际比例更大，为390∶1）。

阿里斯塔克的地-月及地-日相对距离的测量

公元前 3 世纪时，萨摩斯的阿里斯塔克计算出地球到太阳的距离远远大于地球到月球的距离，并计算出它们的相对大小。为了解决这个问题，阿里斯塔克注意到当月球为“半圆”（上弦月）时，角 *EMS* 为直角（角地月日为直角）。阿里斯塔克将地球到太阳的直线及地球到月球的直线组成的角定设为 α 角，他测量得出 α 角为 87°。因为三角形内角和为 180°，因此 β 角为 3°。

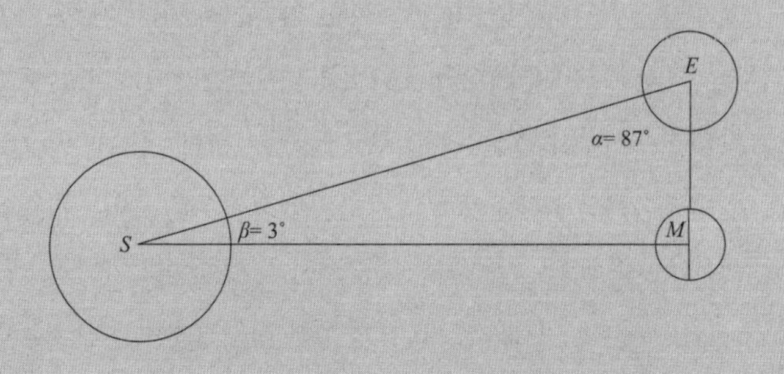

通过这种方式，阿里斯塔克得以用完美的数学推理模式计算出距离的比率为 $d(E, S)/d(E, M)$。这个基本概念可用数学公式表示如下：

$$\cos 87° = \frac{d(E, M)}{d(E, S)}$$

$d(E,S)$ 为地球到太阳的距离，$d(E,M)$ 为地球到月球的距离：

$$d(E,S)=\frac{1}{\cos 87°}d(E,M)$$

因为 $\frac{1}{\cos 87°}$ 约等于 19，所以结果为：

$$d(E,S)\approx 19d(E,M)$$

另外，由于从地球上观察月球和太阳，角度都为 0.5° 角，所以这几个天体的直径也成相同比例：

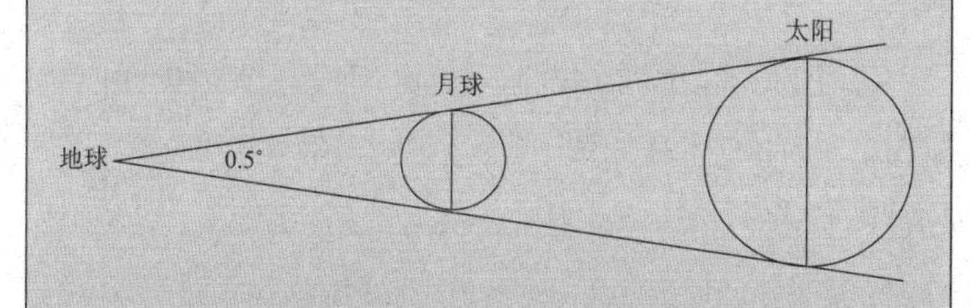

太阳的直径 = 月球的直径的 19 倍

这个数学模式既巧妙又缜密，尽管阿里斯塔克在计算 α 角时犯了一个错误：α 角不是 87°，而是 89°52'（太阳到地球的距离是月亮到地球距离的约 390 倍）。

为什么阿里斯塔克的后继者没有采用这个日心论？为什么时隔多年哥白尼才在其著作《天体运行论》中提出了日心论的假说？要回答这个问题，我们不能诉诸21世纪的思维方式，而应该让自己置身于公元前3世纪的背景下。认为地球在运动的看法无疑否定了古代的权威、常识，以及亚里士多德的物理学说。我们也要考虑到当时的人无法观测恒星视差。这个学说可能具有的其他优势，比如能够解释行星亮度变化，很快就被其他不会颠覆传统宇宙学的方法解释。

尼西亚的希帕霍斯

尼西亚的希帕霍斯（Hipparchus of Nicaea，前190—前120）运用了新的几何工具研究天文学，他对太阳和月球的不规则运动进行了定量分析。这正是亚历山大天文学的原型，其特点为试图完满地用圆周运动的原理解释观察到的现象。以此为前提，在自己的天文研究项目中，天文学家必须确定所研究的天体的数量、大小和在天空中的位置，以及每个天体的圆周运动速度，才能通过几何及数学运算，使该体系能够解释视运动，做出准确的定量预测，并制定出预测表。

希帕霍斯的天文观察很成功，他改进了星图，收集了大量巴比伦人的观察数据，并发现了分点岁差（昼夜平分点在天赤道和黄道的交叉点所做的逆行运动，导致昼夜平分点提前出现，或季节提前）。

在希帕霍斯的时代之前，数学运算已经应用于陆地圆周的测量（埃拉托色尼曾经用运算测量地球，见第四章）。这使得希帕霍斯可以计算出地球到太阳和地球到月球的距离的绝对值。通过运用自己的方法以及与阿里斯塔克近似的方法，他确定了地球和月球大小的比率。希帕霍斯观察到月食期间地球在不同月相上的投影，考虑到太阳到地球的距离非常远，他计算出地球的直径是月球的 8/3（而不是阿里斯塔克估测的 2 倍）。至于地球到太阳的距离，希帕霍斯得到的数值是地球半径的 490 倍，而地球到月球的距离，为地球半径的 59 到 67 倍（准确的数值约为地球半径的 60 倍）。

克罗狄斯 · 托勒密

2 世纪时，数学家和天文学家克罗狄斯 · 托勒密（Claudius Ptolemy，100—170）在亚历山大图书馆和博物馆工作。他研究出一种实用天文学的方法，而这种方法一直延续到 16 世纪仍在使用。托勒密最伟大的著作《天文学大成》是第一部对天体运动进行全面、详尽、定量分析的系统数学专著。托勒密提出了一些符合当时的天文学假设的物理原理，不仅有圆周运动和匀速运动的定理，还包括其他与亚里士多德物理学相关的定理，如地心说——恒星在某个天球上或真空中运动。在他的行星理论中，托勒密运用几何模型提出了关于行星真实路径的问题，亚里士多德物理学的定理，以及运算的精确性。他创建的模型对未观测到的行星的位置做出了精准的定量预测。

此时同心天球体系已不再用于天文学研究（因为它无法解释行星亮度的变化）。公元前3世纪，人们开始运用其他几何方法。希帕霍斯在天文学研究中运用的是偏心率（也叫偏心圆模式）和均轮-本轮系统，这是佩尔基人阿波罗尼奥斯（Apollonius of Perga，前262—前190）提出的两种数学模式。在《天文学大成》中，我们可以找到三个基本数学概念：离心率（行星在一个离心圆上运动，并不以地球为中心），均轮-本轮系统（行星处在本轮的圆周上，圆心在另一个圆上运动，而均轮原则上是以地球为中心的）和等距点（均轮中有别于圆心的一个点，本轮的圆心与等距点在相同时间旋转的角度相同）。根据这些，托勒密不仅可以解释所有的“视运动”，而且可以预测尚未观测到的行星的位置。

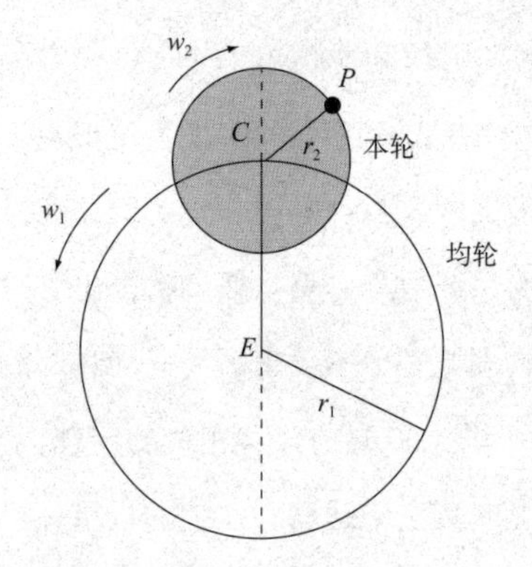

均轮-本轮模型

行星（P）在本轮上以 w_2 的速度自东向西（或自西向东）旋转，而本轮的圆心（C）以 w_1 的速度自西向东旋转。

离心圆模型

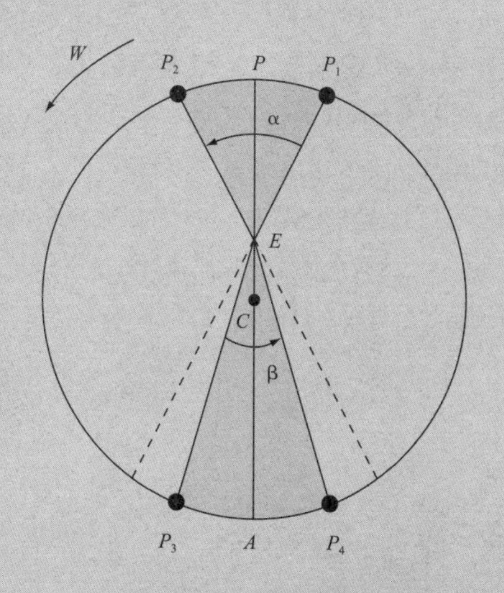

如果地球（E）是静止不动的，行星（P）位于一个离心圆的轨道上，即圆心（C）不与地球重合，对行星在不同时间里所经过的相同弧度可以找到一个解释。这是因为，从地球上测量离心圆轨道上的行星时，它视运动的角速度在离地球最近的一点上（近地点）达到最大，而在离地球最远的一点上（远地点）最小。因此，如果行星以相同的角速度 W 相对 C 运动，它从 P_1 到 P_2 的时间与它从 P_3 到 P_4 的时间相同，但从 E 的角度看弧形 P_1P_2 和 P_3P_4 大小并不相同。希帕霍斯运用这个方法解释了太阳在黄道上的视运动并非一年到头都是匀速的。

均轮-本轮体系对逆行的解释

均轮-本轮体系解释了行星的逆行和亮度变化（被理解为行星与地球的距离的变化）。在一个理想的状态下，本轮圆心（C）相对地球的角速度为行星相对 C 的角速度的 3 倍（$w_2 = 3w_1$）。从地球上看，其结果即如下图所示，行星将旋转 3 圈并越来越靠近地球。当我们以星空为背景来观察时，行星就在逆行，而且因为“更靠近”地球所以显得更亮。这个简化的情形与水星的运动模型十分相似。

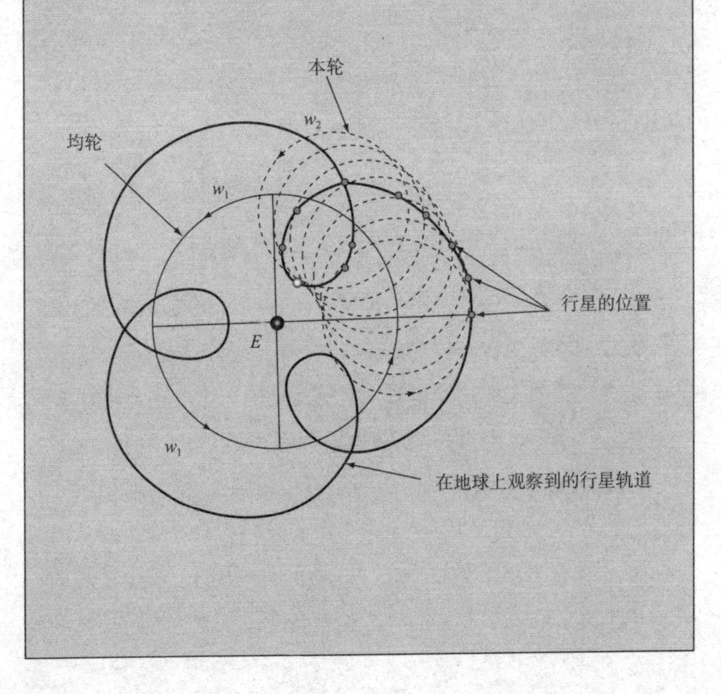

托勒密的天文学研究不仅形成了一个真实的体系，而且为每一颗行星都提供了一系列的解释方案。但托勒密的研究体系与当时仅知的物理学理论，即亚里士多德的物理学理论相悖。两种天文研究方法存在很大的分歧。一种研究方法是用物理学模式来整体解释这个世界（但是缺乏对观察现象的数学定义），另一种研究运用的是非常精准的数学模式，可以解释所有的视运动（但缺乏对天体和运动原因的物理解释）。

哥白尼体系

公元前 3 世纪阿里斯塔克提出的日心假说所遇到的反对意见，与那些从亚里士多德和托勒密时代到哥白尼时代，任何非地心说所遇到的反对意见都是一样的。反对意见主要有两个：第一个是从物理学角度坚决反对地球是运动的；第二个是宇宙的大小不成比例，这是因为当时还无法观察到恒星视差。

由于要回答学者们对哥白尼天文体系提出的物理学方面的质疑，新的物理学产生了。这些质疑基本上与亚里士多德和托勒密提出的否认地球是运动的观点是一致的，他们认为地球的运动会产生以下现象。首先，任何没有固定在地球上的物体都会因为地球旋转时的巨大速度所产生的离心力而被抛到空中。其次，所有没有固定在地球上的物体，或者暂时离开地球的物体，比如云、鸟、被抛到空中的物体等，都会因为地球的运动而被抛到后面。因此，从塔顶掉下来的石头不会落在塔底，垂直抛到空中的物体不会落回原来的抛出点。

从哥白尼的角度来看，所有的视运动都可被解释为地球在运动。这是一个新的视角，打破了长期占据主流地位的传统的地心说的桎梏。当哥白尼体系被认为极可能有一个真实的基础，特别是 1609 年伽利略·伽利莱（Galileo Galilei，1564—1642）使用望远镜对天空进行系统观察后，人们更加迫切地寻求一个物理学解释，而这个物理学解释既可以用于研究地球运动，也适用于宇宙中的其他天体。

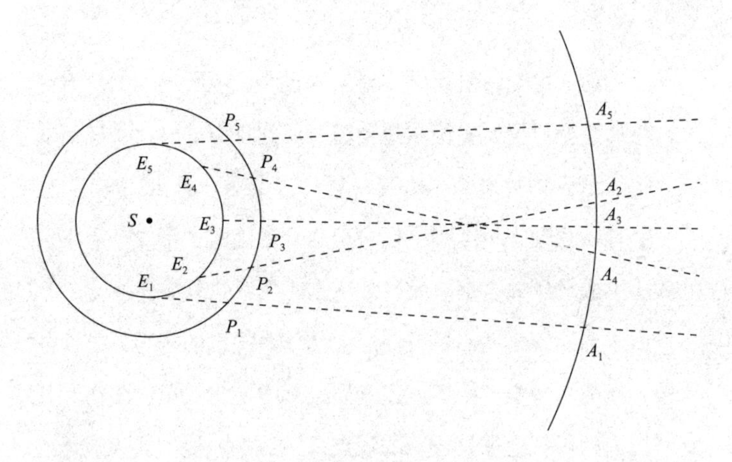

在哥白尼体系中，逆行的原因被解释为视角问题，即地球在围绕太阳旋转过程中追上了一颗越来越远的行星，或被一颗内侧的行星追上了。图为从地球（E）上观察行星（P）在星空中的位置（A）。

由于伽利略和约翰尼斯·开普勒（Johannes Kepler，1571—1630）以及其他伟大人物的贡献，最终艾萨克·牛顿（Isaac Newton，1642—1727）在其1687年发表的著作《自然哲学的数学原理》里为新物理学打下了牢固的基础。

在西方科学的起始阶段，人们通过观察天空、建立数学模型，可以对恒星和行星未来的位置进行定量预测。在下一章里，我们将看看这些具体的观察数据是如何应用到制定日历和时间测量行为中的。

第三章

测量时间

人类不仅活在空间里，也活在时间里。我们在物理学意义上相对着周围的环境移动，同样也生活在时间里，随着时间而前行。因此，自有文明以来，从最小的生命被构建起，全世界的人就在很仔细地安排着自己的领地和自己的时间。在农业社会，由于播种和收割的条件与季节紧密相关，因此建立一个共通的测量时间的系统非常重要，这样可以有效地确定各项工作的周期，并与他人共享。

对自然周期的观察让人们重视起恒星位置和行星运动的研究，包括太阳和月球的运动，这些都促进了天文学的发展。由于季节变迁与太阳在黄道的运动相关，而潮汐和月球的运动有关，自然周期和天文周期便建立起了清晰的联系。这些观察结果产生出两种宇宙系统，而不同的文化和文明社会根据这两种宇宙系统创建了他们自己的历法——阳历和阴历。

古代的挑战

协调自然周期的不可能性

历法是一个将时间分成年、月、日的系统，它将宇宙的时间和个体的时间连接起来，还制定出一个社会的时间标准，即社群所有成员理解并遵循一个统一的历法。历法有两个作用：提供时间的节奏和测量时间的目的。历法建立起一个系统，将每天区分开，比如工作日和休息日，还将传统固定下来为社群所有成员建立起联系。

所有的历法都建立在对天体运动观察的基础上并使用每个人都能观测到的某个周期作为测量单位，其采用的依据都是人所共睹的事物。根据不同的定义，年、月、日大概的长度如下表所示：

周期	定义	大概的长度
恒星年	太阳相对于一颗恒星回到最初相同位置的时间	365天零6小时9分9秒（365.256363天）
太阳年或回归年	地球围绕太阳旋转一周，两次通过春分点的时间	365天零5小时48分46秒（365.242199天）
太阴年	12个太阴月	29.5天·12=354天
太阴月	两次新月之间的间隔	29天12小时44分3秒（29天6小时—29天20小时）
日	两次日出或日落之间的间隔，或两次月出或月落之间的间隔	23小时59分39秒—24小时0分30秒

闰余（epact，源自 epactae，最早是希腊语，意为“增加”或“插入”）是指太阳年超过一般的由 12 个阴历月构成的太阴年的天数。在西方闰余被用于计算复活节的日期，即春分后第一个满月后的星期日。

为了使历法更实用，时间必须被简化为整数，如一天有 24 个小时。每个社会都要自己做出选择，并解决由此带来的问题。他们的选择会决定究竟根据月亮、太阳还是其他恒星来创建历法。一旦做出选择，他们便将用平均数来简化运算结果。历法就是为协调复杂的天文周期而计算出来的近似值。

默冬周期

古希腊天文学家、雅典人默冬（Meton of Athens，公元前 5 世纪）发明了一个有效的体系将阴历和阳历结合起来。默冬发现 19 个太阳年正好就是 235 个太阴月。因为 19 个太阴年是 228 个月（19×12=228），所以只要在 19 个太阴年里设置 7 个闰月［（19×12）+7=235］就能将阴历和阳历的日期对齐。因此在 19 年的周期里，有 12 年是 12 个月，还有 7 年是 13 个月。雅典人对默冬的发现无比震撼，他们在公元前 432 年的奥运会前，将默冬周期刻在了雅典神庙上，还描了金。

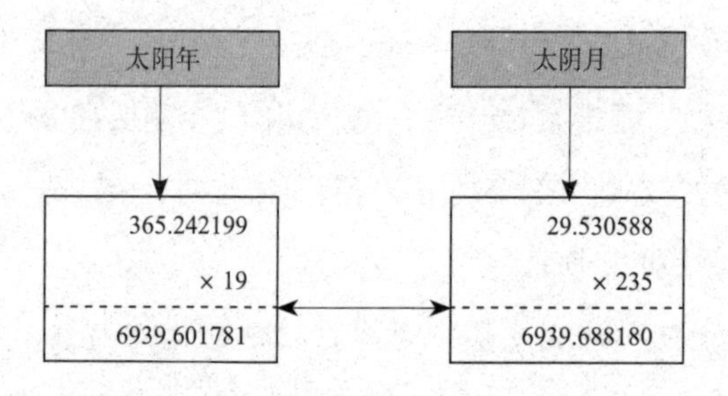

犹太人在 4 世纪的时候运用默冬周期建立起阴阳合历（希伯来历）。他们用默冬周期将传统的阴历和季节协调起来。据说为纪念逃离埃及的逾越节和春节的日期是重合的。当月份和季节极度不一致时，祭祀所需的大麦还没有成熟，而逾越节将至。为了修正这个问题，最高评议会找到一个实用的解决方法，就是在一年的最后再加上一个月。由于太阳年比太阴年多 11 天，为了让两者保持一致，人们按 3、6、8、11、14、17 和 19 的顺序，每两年或三年就加上一个闰月。因此逾越节被定在春季的第一个月：尼散月。计算闰月应该加在哪一年的算法和我们将在下面看到的中国农历的算法非常相似。

公历（格里高利历）

最早的罗马历

据说是罗慕路斯（Romulus）在古伊特鲁利亚历法的基础

上，创建了最早的罗马历。这个历法规定一年始自春季，共304天。由于经常出现一年的时间已经结束，但春天还未到，因此人们需要在年末加上一些天数，将一年补齐。在纪年时，罗马建城的公元前753年被当作罗马历的元年，其后的数字都被加上缩写的首字母a.u.c来表示ab urbe condita，意思是“建城后”。比如，罗马历的50 a.u.c相当于我们今天所用历法中的公元前703年。这是历法系统起源的一个不同之处。

这个历法以太阴月为基础，这也是月的来历，但为了使历法与季节变化同步，人们又增加了一年的天数。和大多数古代历法一样，罗马历受到很多宗教因素的影响，在今天的我们看来有很多说法都是迷信。比如，在“吉日”（dies fasti）举行活动是有好兆头的，而“凶日”（dies nefasti）因为不受神庇佑，所以很多活动不适合在这一天举行。对“吉日”和“凶日”的分类产生了“休息日”和“工作日”的区分。还有一些特殊的日子，如nefastos partem diem，意思是“部分凶日”，需要祭司在庙堂供奉祭品才能改运。甚至还有一个叫quando stercus delatum fas的日子，这一天是专门清扫灶神庙的日子，在完成清扫，把垃圾倒出门外之前，这一天都是不吉利的。普布留斯·奥维第乌斯·纳索（Publius Ovidius Naso，前43—17）在长诗《岁时记》中记述过一年中的月份——当时的儒略历有12个月——介绍了一年中的特殊日子、宗教节日、祭祀仪典，以及与之相关的传说。这是一部了解古罗马历第一手资料的杰出著作。

罗马历的一些月份采用的是罗马诸神的名字，这也是我们现在使用的英文月份名称的起源。Martius 是三月（March）的起源，是一年的第一个月。这个月专属战神（Mars），传说他是罗慕路斯的父亲。在罗马共和国时期，从公元前 5 世纪开始，人们每年选举的代表罗马最高权威的执政官就是从三月开始执政。

Aprilis 是四月（April）的起源，是古罗马历中的第二个月，这个月是献给维纳斯（Venus）的。这个名称的词源不详，一些资料认为这个单词的词源是 aperio，意思是“开”，因为四月是万物复苏的时候。另一些研究认为这个单词的词源是 aper，意思是野猪，一种古罗马人尊崇的动物。也许缺乏词源学研究价值但颇具诗歌的意境，奥维德（Ovid）甚至将 aprilis 和 aphros（άφρός）联系起来，希腊文的意思是“海中浪花”，神话中阿弗洛狄忒的出生之处。

五月（May）的名称来自罗马历中的 Maius。据说这个月是专属长者的，而紧跟的六月是属于年轻人的。另一些看法认为五月是由女神玛雅（Maia）的名字演变而来的，她是七姐妹星团之一，也是墨丘利（Mercury）的妈妈。

古罗马历的第四个月是 Junius，即现在六月（June）的前身。尽管有以上的词源解释，还是有很多人认为这个月是为了纪念朱庇特（Jupiter）的妻子女神朱诺（Juno）而命名的。

其他月份的名字，或许是缺乏想象力，或许是太在乎秩序，只表示它们在一年中的排序：Quintilis（第五个月），

Sextilis（第六个月）, September（第七个月）, October（“octo”是八），November（“novem”是九），December（“decem”是十）。三月、五月、七月和九月是 31 天，其他六个月是 30 天。一年总共 304 天。

罗慕路斯国王的后继者是一个聪慧的人，他就是祭司王努马·庞皮留斯（Numa Pompilius，前 715—前 672）。努马·庞皮留斯将年末余下的天数编入两个新的月份 Januarius 和 Februarius，自此一年增至 12 个月。一月（Januarius）是为了纪念门神雅努斯（Jano），传说他拥有两张面孔，可以同时看到两个不同的方向。雅努斯掌管着门户，因此有时候可以看见他左手握着一把钥匙；实际上，junua 这个词的意思就是门。二月（Februarius）是纪念死者和举行洗礼的月份，名称的词源似乎是 februa。

一月还与其他重要活动有关，比如，后来执政官的任期就是从这个月开始的。公元前 154 年，在近西班牙行省的瑟戈达城里，即今天卡拉塔尤德地区，住着凯尔特–伊比利亚人，他们为了联合邻近的社群组成一个共同集团，决定调整自己的势力范围和防御工事。罗马元老院认为这是对罗马的威胁因而加以禁止。由于瑟戈达的居民没有遵守罗马的指令，昆图斯·弗拉维乌斯·诺庇利奥（Quintus Fulvius Nobilior）带领约 3 万将士对他们进行讨伐。他可以早一些到达近西班牙行省展开军事行动，避免将战事拖延到隆冬。而那年正是执政官第一次在一月的第一天宣誓就职，此后，罗马延续了这个做法。这也意味

奥维德的《岁时记》与日历

奥维德嘲讽罗慕路斯将一年定为 10 个月，“当罗马城的创建者制定日历时，他规定一年要有 10 个月。说真的，罗慕路斯，你的剑术比观星术好太多了”。后来，他又批评根据月亮周期确定月份的做法：“由于无知和缺乏科学精神，从此每 5 年少了 10 个月。一年就是月亮绕十个圈。”304 天一年的历法也出现在奥维德的书里，他以一种调侃的语气说明它的合理性：“不过有一个理由可能打动了恺撒，使自己的错误得以解释。因为妇人怀胎十月才生孩子，所以他认定这就是一年的时间。”不过我们得承认，在设定一年长度时，用一个奇怪的人性的理由来代替惯用的天文依据，倒别具情趣。

奥维德（普布留斯·奥维第乌斯·纳索）

着公元前 154 年结束时比实际应有的长度少了两个月。因此，最初设定的月份顺序都后移了两个单位，Quintilis 成为第七个月，Sextilis 第八，September 第九，October 第十，November 第十一，最后 December 成为第十二个月。

努马·庞皮留斯认为偶数会带来霉运，因此他不同意将月份的天数设定为偶数。他将罗慕路斯之前设定的包含 30 天的月份（四月、六月、八月、十月、十一月和十二月）改为 29 天，并将其他月份设定为 31 天。这个新的一月也是 29 天，只有二月是一个不吉利的偶数 28 天。因此一年的天数总共为 355 天，仍然和自然周期不相符。为修正这个差异，每两年要增加一些天数，依次为 22 和 23 天。增补的天数被称作 mercedonius，词源为 merces，意思是薪水或报酬，因为罗马人习惯在这期间给奴隶发工资。由此，日历上每四年的天数如下所示：

第一年：355 天。

第二年：377 天。

第三年：355 天。

第四年：378 天。

这样算来 4 年总计 1465 天。要知道，根据现在的历法，4 年的总天数约为 1461 天，所以努马·庞皮留斯设定的天数多了 4 天。在那个时代增加闰日，设置吉日、凶日、集会日和集市日等事务都由当时的祭司阶层负责。“对时间的垄断”是一项特权，而为了继续垄断这项特权，制定日历的规则都是保密的，直到公元前304年格奈乌斯·弗拉维乌斯在法庭上宣布了进行司法审判的一系列日期。这个行动标志着历法开始世俗化，开始从祭司和贵族的垄断中挣脱出来，变得更加公开，可以为平民社会所掌握。

在罗马历中，每个月都有三个跟太阴月相关的特殊日子，即朔日（kalendas）、初盈（nones）和望日（ides）。朔日原本对应的是新月，初盈对应的是半月，而望日对应的是满月。这三个日期现在已经超出了最初的含义：虽然月份不再和月相对应，罗马人仍然沿用了这三个日期；虽然现在看来没有天文意义，但它们仍被实际使用。我们现在称日历为calendar就是沿用了罗马历朔日的叫法。此外，在拉丁文中有一句嘲讽人的谚语“Ad kalendas graeca”，意思是“等到希腊朔日”，这句话在现在也偶尔会被人用来表示某事绝不可能发生，因为希腊历里没有朔日。朔日是每个月的第一天，初盈和望日则根据月相分别落在不同的日期。在三、五、七和十月，初盈是第7天，望日是第15天；而在其他月份，初盈是第5天，望日是第13天。其他罗马历的日期则是根据当日到下一个特殊日期（朔日、初盈或望日）所余的天数来命名的。

儒略改革历

公元前46年，尤利乌斯·恺撒（Julius Caesar）在天文学家索西琴尼（Sosigenes）的指导下重新制定了罗马历，将一年

的长度设定为 $365\frac{1}{4}$ 天。索西琴尼很清楚，埃及历一年的长度是 365 天，相对一年的实际长度（365.242199 天），每年少了 0.242199 天，而四年共少 0.968796 天——几乎一整天，所以恺撒决定每四年增加一天。

恺撒将一个月的长度依次设置为 31 和 30 天，除了 2 月。平年的 2 月是 29 天，而每四年一次，在 2 月的第 23 天和第 24 天之间增加一个闰日，这样 2 月就有 30 天。罗马历中日期的名称是以当日到下一个特殊日期（朔日、初盈或望日）前所余天数命名的，因此，2 月 24 日被称为 3 月朔日前 6 天（ante diem sextum kalendas Martias），而插在 2 月 24 日前的闰日在书写时加上了前缀 bis，即 3 月朔日前 6 天的闰日（ante diem bis sextum kalendas Martias）。这里的 bis sextum 也是闰年 bissextile 这个单词的词源。

尤利乌斯·恺撒于公元前 44 年遇刺，为了纪念他，罗马

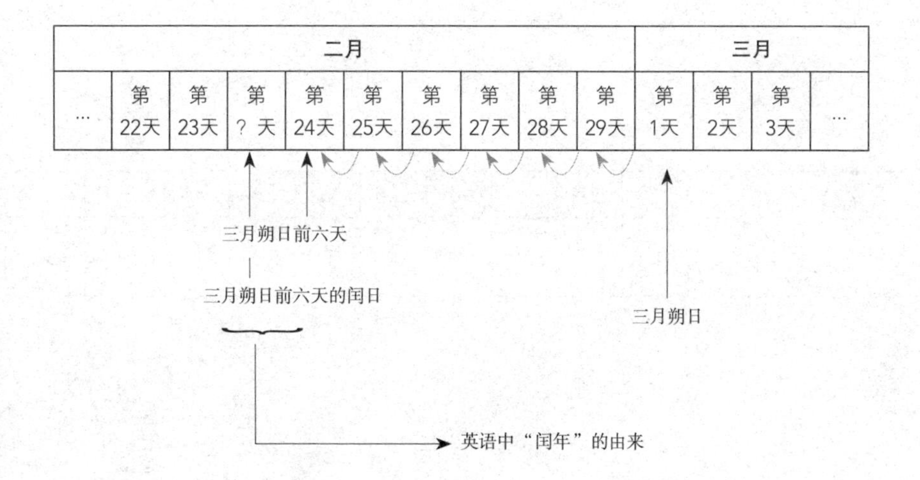

元老院决定用他的名字 Julius 来重新命名他的出生月七月（原名 Quintilis）。同样，公元前 8 年，为了纪念恺撒的继任者奥古斯都大帝（Augustus），八月（Sextilis）被改称为 August。但由此又产生了一个关于天数设置的问题：为什么七月有 31 天，而八月只有 30 天？解决的办法很简单——给八月加上一天，而这一天当然是从二月移过来的。在所有的历法改革中，二月一直是个失败者，这也许是因为这个月一直是一年的最后一个月，也一直是净化之月。由于现在一年有三个月连续为 31 天（七、八、九），大家决定从九月去掉一天加到十月，再从十一月去掉一天加到十二月。这些变化总结如下：

公元前 7 世纪

三月	四月	五月	六月	七月	八月	九月	十月	十一月	十二月	一月	二月
31	29	31	29	31	29	31	29	31	29	29	28

公元前 46 年

一月	二月	三月	四月	五月	六月	七月	八月	九月	十月	十一月	十二月
30+1	30–1 平年29，闰年30	30+1	30	30+1	30	30+1	30	30+1	30	30+1	30

公元前 44 年

						儒略月 Julius					

公元前 8 年

							奥古斯都月				
	−1						+1				
								−1	+1	−1	+1

现在

一月	二月	三月	四月	五月	六月	七月	八月	九月	十月	十一月	十二月
31	平年28， 闰年29	31	30	31	30	31	31	30	31	30	31

我们现在给每个月设置的天数，正如孩童在幼儿园学的儿歌唱的那样：“30 天的月份是九、四、六、十一；28 天的月份只有一个；剩下的月份都是 31……”

古罗马以罗马建城之年为纪元元年。即将退位的戴克里先（Emperor Diocletian）曾试图将他继位的那年（公元 284 年）定为元年。但最终，新的纪年体系采用了狄奥尼修斯 · 伊希格斯（Dionysius Exiguus）的提议，以耶稣生年为元年，而这可能有四五年的误差。公元531年，新的纪年体系确定了元年的变更。

尤利乌斯·恺撒实施的历法改革，通过每四年设置一个闰日的方法，确定了一年的长度为365.25天，很接近一年的实际时长365.242199天，但每年仍有0.007801天的误差。这个误差虽然看起来很小，但每400年，就会多出3.1204天。到16世纪时，这个误差已经累积到10天，因此必须再次进行历法改革。这次的改革产生出格里高利历——我们现在使用的公历。

格里高利历改革

罗马教皇格里高利十三世（Pope Gregory XIII）于1582年颁布了格里高利历。这个历法是由数学家兼天文学家、耶稣会会士克里斯托弗·舒塞尔（Christopher Schüssel），也称克拉乌领导的委员会研究制定的。格里高利历有两个主要的改变。第一是保留每四年设置一个闰年，但每400年要去掉3个闰年；即年份为100的倍数时不闰，年份为400的倍数时才闰。第二是去掉了自儒略历实施后多出的10天：1582年10月4日星期四（儒略历）的第二天被定为1582年10月15日星期五（格里高利历）。格里高利历自颁布起就被西班牙、意大利、法国和葡萄牙采用。其他国家也相继采用了这个历法：英国于1752年，芬兰于1918年，土耳其于1926年，等等。

德国耶稣会会士克里斯托弗·舒塞尔与意大利的医生兼天文学家路易吉·利利奥（Luigi Lilio）均为历法改革委员会的著名成员。

格里高利历实施之初的轶闻趣事

苏联成立前，俄国并没有采用格里高利历。苏联成立开始实施新历法，将1918年2月1日直接变更为1918年2月14日。令人好奇的是，这样一来俄国纪念十月革命的活动都被安排到了11月。这是因为十月革命发生在使用儒略历的沙皇时代的10月25日和26日，实施格里高利历后，这两个日期即成了11月7日和8日。莎士比亚和塞万提斯的逝世日期相同，都是1616年4月23日，却不是同一天。因为西班牙从1582年开始实施格里高利历，所以塞万提斯的逝世日期是格里高利历1616年4月23日，而英国在1752年前实施的是儒略历，所以莎士比亚的逝世日期是儒略历 1616 年 4 月 23 日。

有一些传记将艾萨克·牛顿的生年写为 1642 年，而另一部传记写为 1643 年。两个都没错：牛顿出生于儒略历 1642 年 12 月 25 日，即格里高利历 1643 年 1 月 4 日。

在英国，历法的变更和日期的减少引发了一些骚乱。在威廉·荷加斯（William Hogarth）的画作《选举宴会》中，有一处有趣的参考资料，一位社会活动家在从一个保守派示威者那里偷走标语牌后受了伤。这个标语牌上写着“还我们十一天”，而这幅画是历法变更三年后创作的。

威廉·荷加斯《选举宴会》的局部，地上标语牌写着“还我们十一天”

伊斯兰历

希吉来历是伊斯兰国家通用的官方历法。哈里发欧麦尔·伊本·哈塔卜（the Caliph ‘Umar ibn al-Khattab’）颁令将公元 622 年 7 月 16 日当年定为希吉来历元年，因为在这一年发生了先知穆罕默德出走麦地那的“希吉来”事件。伊斯兰历是太阴历，以 12 个太阴月为一年，每个月的天数依次为 30 和 29（奇数月为 30 天，偶数月为 29 天），一年的天数为 354 或 355。

穆罕默德宣称安拉将月亮放在天空测量时间，因此不允许对一年十二个月的名称做出任何改变。这些月份的名称有的源自农业和畜牧业，有的源自宗教活动。稍后我们可以看到，伊斯兰历的十二个月与格里高利历的十二个月并不完全相同，因此我们以第一个月、第二个月……来称呼这些月份，而不用一月、二月等来称呼。

穆罕兰月（圣月）是一年的开端。这个名称源自“haram”，意思是“禁止”。这个月不允许发动战争，部分穆斯林会在整个月里斋戒，像在斋月一样。这个月有 30 天，第一天被称为 R’as as-Sana。尽管这天并没有宗教含义，但很多穆斯林会在这天纪念先知穆罕默德的生平和希吉来。

第二个月叫色法尔月。这个名称源自阿拉伯语 sufr（黄色），因为这个月最初意味着秋季“叶子变黄的时候”。但这个月被认为是最不吉利的一个月，因为阿丹（伊斯兰教教义中对人类第一个男人的称呼）据说就是在这个月被逐出了伊甸园。

第三个月叫赖比尔·敖外鲁月。世界各地的穆斯林都在这个月庆祝圣纪节（先知的诞辰）。大部分逊尼派穆斯林认为穆罕默德真实的生日应该在第十二个月，但什叶派认为他出生于该月 17 日凌晨。

伊斯兰历的第四个月叫赖比尔·阿色尼月。第五个月叫主马达·敖外鲁月。第六个月叫主马达·阿色尼月。

第七个月叫赖哲卜月（源自阿拉伯语 Raândab，有时拼写为 Rayab），月份的名称意为问候。这个月和其他奇数月份一样，有 30 天。皈依伊斯兰教前的阿拉伯人非常尊重这个月，这个月和穆罕兰月一样，是禁止打斗的。据传穆罕默德曾经说过，在赖哲卜月斋戒的人将在天堂饮用到生命的源泉。虔诚的穆斯林会在该月的第一天斋戒。

第八个月叫舍尔邦月（源自阿拉伯语的 Ša'bān，也写作 Sha'bán、Chaabán 等等），这个月有 29 天。

第九个月叫赖买丹月，这个月因穆斯林会实施从早至晚的斋戒而举世闻名。赖买丹（Ramadan）这个单词在英文中一般表示实际的斋戒，但在阿拉伯语中表示斋戒的单词是 sawm。

第十个月叫闪瓦鲁月，这个名称的意思是“尾月”，因为古时新生的骆驼在该月首次扬尾。第十一个月叫都尔喀尔德月，意为“休息”，这个月有 30 天。第十二个月是都尔黑哲月，这个名称的原意是“朝圣”，因为这个月是穆斯林去麦加朝圣的时节。这个月在平年为 28 天，在闰年则多一天，稍后

近年赖买丹月的日期

伊斯兰历是太阴历，以上弦月出现的那天（即新月出现后的几天）为每个月的第一天。伊斯兰历的年比格里高利历的年短，因此，伊斯兰历的日期在格里高利历中看起来像是在不停地“移动”，从近几年的赖买丹月的日期便可以看出。

赖买丹月	格里高利历
1427年的希吉来	2006年9月23日—10月22日
1428	2007年9月12日—10月11日
1429	2008年9月1日—9月30日
1430	2009年8月22日—9月19日
1431	2010年8月11日—9月10日
1432	2011年8月1日—8月29日
1433	2012年7月21日—8月19日

准确计算出赖买丹月开始的日期对履行这个月的宗教职责至关重要。很多穆斯林坚持沿用传统的目测方法，即观测天空中新月后的上弦月。其他人则参照根据伊斯兰历提前计算好的日期和时间，或等待官方宣布。

我们将对此论述。

这个太阴历规定一年有 12 个月，每个月的天数交替为 30 和 29，月份和季节变化无关。一年有 354 天，但由于 12 个太阴月的时长为 354 天 8 小时 48 分 38 秒，因此在 12 个月后，第二年的新月还要过一会儿才出现，这样每 30 个太阴年就会产生 11 天的误差。由于穆罕默德禁止增加闰月，所以一年的长度依然保持为 12 个太阴月的时长，不过哈里发欧麦尔·伊本·哈塔卜在公元 639 年采用了一个独特的方法解决了这个问题。他以每 30 个太阴年为一个周期对这个误差进行了修正。在这个周期内，有 19 年被设定为 354 天（平年，6 个月为 30 天，6 个月为 29 天。$6\times30+6\times29=354$），有 11 年被设定为 355 天（闰年，7 个月为 30 天，5 个月为 29 天。$7\times30+5\times29=355$）。因为每 32 个太阴月，月亮就会晚出现一天，因此要在 30 年里要增加 11 个闰日。哈里发规定以 30 年为一个周期（同时也是 360 个古巴比伦历的阴历月），在这个周期内，当月份累计的数量达到 32 的倍数时，就在那一年加上一个闰日。如果把相邻的 32 的倍数（月份的数量）都算出来，其结果如下：

32，64，96，128，160，192，224，256，288，320，352

将这些数除以 12，就可找出应该增加闰日的年份，结果如下：

32/12 = 2.6667	64/12 = 5.3333	96/12 = 8
128/12= 10.6667	160/12 = 13.3333	192/12 = 16
224/12 = 18.6667	256/12 = 21.3333	288/12 = 24
320/12 = 26.6667	352/12 = 29.3333	

在下面表示 30 年的数字中，粗体字为增加了 1 天的闰年（这一天加在最后一个月）：

1	**2**	3	4	**5**	6	7	**8**	9	**10**
11	12	**13**	14	15	**16**	17	**18**	19	20
21	22	23	**24**	25	**26**	27	28	**29**	30

尽管不同的伊斯兰历学者之间存在着一些争议，例如，到底是第 7 年还是第 8 年是闰年，可不论一年是 354 天还是 355 天，都和格里高利历规定的一年有 365 或 366 天相差太远。因此每 33 个伊斯兰年（10 631+354+355+354=11 694 天）相当于 32 个格里高利年（365 × 32=11 680，11680 + 8=11 688 天）。

这个方法将伊斯兰太阴历的年和月的长度与月亮周期协调起来。虽然每 30 年要多等 16 分 48 秒才出现下一轮新月，但这个误差平均到每年只有 33 又 1/10 秒。由于数值很小，所以每 2 570 年才会出现离下一轮新月有一天的时差。这和格里高利历每 400 年就要减去 3 个闰年相比，误差非常小。

伊斯兰历将 7 天设定为一个星期，而且和格里高利历不

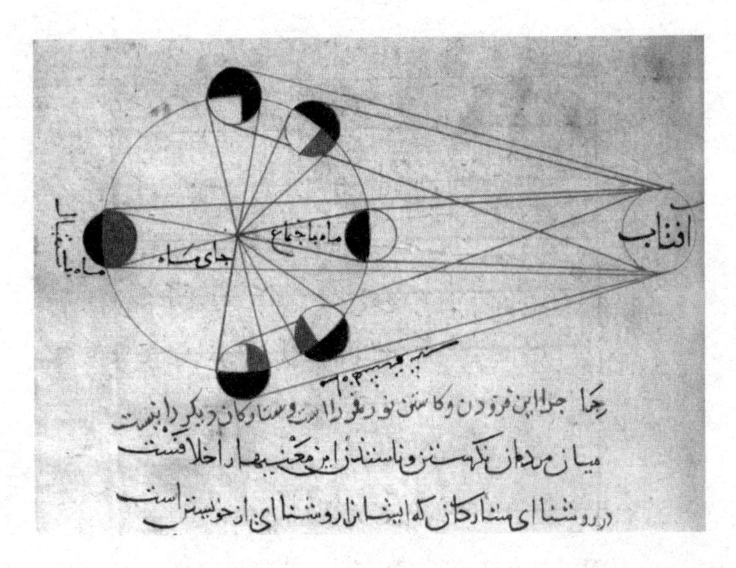

波斯数学家兼天文学家阿尔比鲁尼（Al-Biruni，973—1048）所绘的月相

同，星期会毫不间断地一直从今年延续到下一年。这 7 天的排序为：第一天是星期日；第二天是星期一；第三天是星期二；第四天是星期三；第五天是星期四；第六天（集会日）是星期五，因为这天是民众集体到清真寺礼拜的假日；第七天（安息日）是星期六。

新的一天从日落开始，而一个月以新月形成约两天后为开始，即上弦月出现的时候。如果比较一下太阴历和太阳历，可以发现这两种历法的新年第一天被分别设定在不同的日期上，可见要将伊斯兰历和格里高利历统一起来非常困难。

虽然有两种历法的年份比照表，但如果想迅速计算出两个历法的年份，可以采用下面的公式。根据已知的格里高利历的年份（G）或伊斯兰历的年份（H），就可以转换为另一种历法的年份：

$$G = H\frac{32}{33} + 622$$

记住33个伊斯兰年相当于32个格里高利年，而希吉来发生在格里高利历的622年。

伊斯兰历有两个特别的时段。穆罕默德规定在整个赖买丹月中，从日出到日落都要禁食、忏悔，因为《古兰经》记载："直至看不见白线和黑线。"由于太阴历的月份与四季寒暑无关，所以如果赖买丹月出现在夏季［此时白天最长（即白昼时间更长）］，比起出现在冬季对工作和斋戒的安排更难。第二个特别的时段是都尔黑哲月，这是大家前往麦加朝圣的日子，伊斯兰教要求凡是有办法和能力的穆斯林都要在有生之年至少去一次麦加。

中国农历

中国古代的天文学家发现计算和记录日期离不开自然周期，他们很早就开始观察太阳和月亮的周期。两块商代甲骨上的甲骨文表明，公元前14世纪时，中国人就已经确定了太阳周期为 $365\frac{1}{4}$ 天，月亮周期为 $29\frac{1}{2}$ 天。约公元前104年，他们通过观察和测量晷针的投影，计算出一年有365.2502天。5世纪的中国数学家和天文学家祖冲之则算出一年的时长为 365.24281481 天，这只比实际的时长（365.2421988）多出了约 52 秒。

和希腊人主要借助黄道来研究天体不同，中国的天文学家通过观察恒星在经线上的运动进行研究，他们利用星座将天球划分为不同区域，这跟美索不达米亚人划分黄道十二宫的做法很相似。如果我们将地球公转一周的 365.25 天划分为 12 份，则每一份正好为 30.4375 天。中国人将整数后面的部分放到一个新的月份（太阴月）里，但由于月亮周期是 29.5308 天，因此有时新月会整整晚一个月才出现，为了使太阴历和季节相符，他们就会补充这个月份——如果在一年的实际周期内，太阳还没有到达相应的星座位置，就要增补一个闰月。

不久后，中国人发现 19 个太阳年约等于 235 个月（6 939 天）。这个周期与西方文明中的默冬周期相同，中国人根据这个周期创建了一种阴阳合历。他们把 19 年中有的年份设定为

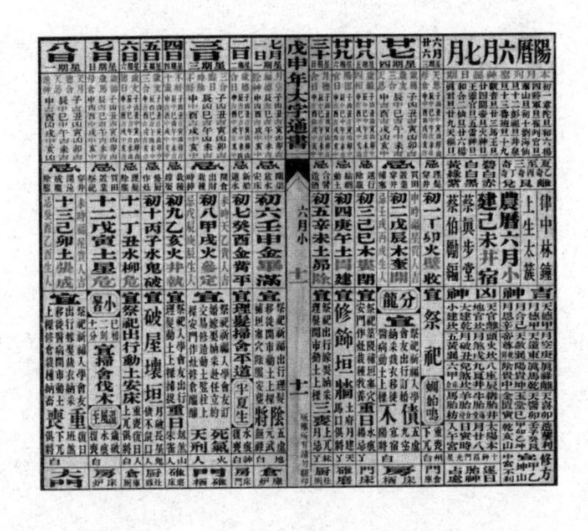

中国农历

12 个月，有的年份设定为 13 个月（闰年）。此外他们还规定了冬至必须出现在每年的第十一个月里。在下面的数列中，7 个粗体数字为闰年年份，闰年的天数按照 29.5 天的月亮周期，被依次定为 384 和 385：

1 2 **3** 4 5 **6** 7 **8** 9 10 **11** 12 13 **14** 15 16 **17** 18 **19**

为什么闰月要加到这些年份中？这里运用的模块化算法是一种类似于伊斯兰历使用的运算方法。在伊斯兰历中，每隔几年有一个闰日，而在农历中是每隔几年增加一个闰月。默冬周期规定每 19 个太阳年等于 235 个月，而 19 个太阴年里有 228 个月，对比同样年份的太阳年，却有 235 个月，因此必须增加 7 个月。增加在哪里呢？就在出现多余月份的那年。下面的运算表明第一个月应该加在第三年，因为 3 个太阴年共有 36 个月，而实际上应该有 37 个月：

$$\frac{365.25\times 1}{29.5}=12.38\text{（月）；}$$

$$\frac{365.25\times 2}{29.5}=24.76\text{（月）；}$$

$$\frac{365.25\times 3}{29.5}=37.14\text{（月）；}$$

如上所示，按这个公式继续运算下去，代入第 6、8、11、

14、17、19 年。在这 19 年中，有 12 年是 354 天，共计 4 248 天，有 7 年是 384 天，共计 2 688 天，而最后 7 年中有 3 年增加了一个闰日，因此总共的天数为 6 939 天（4 248+2 688+3）。这个结果与 19 年周期内的实际天数相同。

中国新年的第一天是通过结合月亮周期和太阳周期计算而来的。中国新年应该始于北半球冬至（12 月 22 日）后的第二个新月形成之时。例如，假设 2000 年冬至那天的月亮有 7 天的“月龄”：

$$(29.5-7)+29.5=52$$

29.5–7 代表冬至后第一次新月的日期，29.5 代表冬至后第二次新月的日期。

这个计算结果意味着冬至后的 52 天就是新年伊始的日期。在这个例子中，这一天是 2001 年 2 月 12 日。这里的新月是指“全黑”的月亮（即月亮和太阳重合的时候），而非伊斯兰历和希伯来历中月亮首次出现的时候（上弦月）。新月形成的日期就是一个月的第一天。月份分为春、夏、秋、冬四季，每个季节中有 3 个月，分别称孟（第一个月）、仲（第二个月）、季（第三个月）。四个季节分别为：春、夏、秋、冬。每个月的名称就是序号和季节的结合，如季秋是秋季的最后一个月。每个月分三旬，10 日为一旬。每个月的日期按序号记录，新的一天从午夜开始。

和西方文明以世纪来纪年不同，中国人用60年一个周期的“甲子”来纪年，这个纪年方法包含两个组成部分：一个是表示天的“干”，一个是表示地的“支”。

干			
1	甲	6	己
2	乙	7	庚
3	丙	8	辛
4	丁	9	壬
5	戊	10	癸

支			
1	子	7	午
2	丑	8	未
3	寅	9	申
4	卯	10	酉
5	辰	11	戌
6	巳	12	亥

十干和十二支依次相配组成一个周期为60年的甲子，如下页表格所示：

年	干	支
1	甲	子
2	乙	丑
3	丙	寅
4	丁	卯
5	戊	辰
6	己	巳
7	庚	午
8	辛	未
9	壬	申
10	癸	酉
11	甲	戌
12	乙	亥
……	……	……
……	……	……
58	辛	酉
59	壬	戌
60	癸	亥

现在的甲子是从1984年2月2日开始的。所以，1998年1月28日是第79个甲子的第15年，即戊寅年的第一天。2003年2月1日是第79个甲子的第20年的第一天。

在中国，这个传统的历法被称为“农历”，而格里高利历被称为“公历”或“西历”。格里高利历由天主教传教士于19世纪传入中国，现在广泛用于日常生活中。中国农历则用于庆祝传统节日，比如春节、端午节——也称龙舟节或重五节，因为这一天是农历一年中第五个月的第五天。

法国共和历

为表示与过去的决裂，并根据对世界的新认识来重新纪

中国农历和格里高利历对照表

下表为中国农历新年的第一天在格里高利历中的日期：

中国农历年份	生肖	格里高利历
4707	牛	2009年1月26日
4708	虎	2010年2月14日
4709	兔	2011年2月3日
4710	龙	2012年1月23日
4711	蛇	2013年2月10日
4712	马	2014年1月31日
4713	羊	2015年2月19日
4714	猴	2016年2月8日
4715	鸡	2017年1月28日
4716	狗	2018年2月16日
4717	猪	2019年2月5日
4718	鼠	2020年1月25日

日，出现了一些旨在废止格里高利历的革命运动。比如，法国共和历（也称法国大革命历法）将一年分为 12 个月，每月 30 天，10 天为一旬，年底加上 5 天或闰年加上 6 天。作为法国大革命的思想成果，这个历法仅在 1792 年到 1804 年得以施行。这项雄心勃勃的改革计划有三个目的：表达对前朝统治的反抗；制定符合社会新框架的公众节假日；推行度量衡单位的标准化，包括测量时间的单位。法国共和历以实施新历法那年为纪元元年，这个历法最初被认为是不可撤回的。支持者认为他们不能以君主压迫人民时用的方法来纪年——那个时期的人民不是真正地活着，现在是时候打开新的历史篇章了。新纪元在推翻君主制、宣布共和国成立的 1792 年 9 月 22 日开始。巧合的是，9 月 22 日正好是秋分。革命者们认为这是一个吉兆：公民平等与昼夜平分的日子重合，历史正在回归自然。

为了合理化公共生活，人们希望制定的新历法是清楚、准确、简单、能够通用的，因此和度量衡改革中制定的千米和米这样的标准单位一样，新历法采用了十进制。旧历法被当作受奴役和愚昧的耻辱柱，而且有很多不合理的规定，比如不同天数的月份和不固定的节庆日。新历法是以 10 为单位计算得来的，这符合天体运动的规律。月以下的时间都以 10 为单位划分。1 年 12 个月，每月 30 天，1 个月分为 3 旬，每 10 天为 1 旬，余下的 5 天加到年底，每四年再多增 1 个闰日。这个新的纪日方法基本上和古埃及历法相同（1 年 12 个月，每月 30 天，每个月分为 3 旬，每 10 天为 1 旬，年底再加上余下的 5 天）。

法国共和历的春季

法国共和历的芽月是春季的开始，下面是芽月的日期和该月每一天代表的形象，而每个月还与一个不同的女性形象有联系。

芽月（3 月 21 日—4 月 19 日）：

1. 报春花
2. 法国梧桐
3. 芦笋
4. 郁金香
5. 母鸡
6. 甜菜
7. 桦树
8. 长寿水仙
9. 赤杨木
10. 嫁接刀
11. 蔓长春花
12. 鹅耳枥
13. 龙葵
14. 欧洲山毛榉树
15. 蜜蜂
16. 生菜
17. 落叶松
18. 铁杉
19. 萝卜
20. 蜂巢
21. 紫荆
22. 萝蔓莴苣
23. 七叶树
24. 芝麻菜
25. 鸽子
26. 丁香花
27. 银莲花
28. 三色堇
29. 蓝莓
30. 孵化场

一张法国共和历日历的图片

1793 年 10 月 5 日实施后，新历法本质上是世俗化的，因为它废除了星期日，即主日，以及所有的圣徒日。当然如果要清除所有的宗教意义，则必须要建立起新的传统来取代，因此人们选择了大自然。每一个日期都和一种植物、矿物、动物（尾数为 5 的日期）或工具（尾数为 0 的日期）有关，而不再和圣徒有关，于是 12 月 25 日成了犬日。月份的名称多了一份诗意：秋季是葡月、雾月和霜月，冬季是雪月、雨月和风月，春季是芽月、花月和牧月，夏季是获月、热月和果月。

但老百姓不肯接受取消传统节日、仲夏夜的篝火或圣徒纪念日的做法。很显然，法国共和历没能被大众文化接受。由于远离社会生活，又不能渗透集体主义思想，新历法最终消失在历史舞台上。共和历 8 年，所有的革命庆典被废止。共和历 10 年，拿破仑 · 波拿巴（Napoleon Bonaparte）将星期日恢复为休息日，以期在教会和革命政府之间重新建立起关系。最终，共和历 13 年果月的第十五天（1805 年 9 月 9 日），法国共和历被废除，废除的原因是该历法不够理性，且太过民族主义。1806 年 1 月 1 日，即拿破仑加冕一年多后，格里高利历被恢复使用。幸运的是，基于相同理念而推行的度量衡改革更为成功，我们将在后面的章节中对此进行论述。

第四章

测量地球

对天体运动的精确测量的结果成为人们测量时间的参考，同时人们也很想知道我们生活的这个世界的形状和大小。除了对测量天空的贡献，托勒密所著的《地理学指南》，或称《世界地图》中，记述了他那个时代西方人所了解的世界，为测量地球提供了宝贵的参考资料。在15和16世纪，欧洲人发现了新世界和其他以前未知的土地，从而拓宽了对世界的认知，托勒密的著作也得以修改。17世纪后期，三角测量法的运用取得了更为精准的地球测量结果，建立起测地线研究的基础。对于地球的形状，一种看法认为地球在两级处是平的，另一种主张认为地球在赤道处是平的，这引发了测量地球的争议。人们进行过两次科学考察，到达了人类所能企及的两个相隔最远的尺寸，确定了经线上每一度的距离，从而平息了这场激烈的争议。

对地球形状大小的最初认识

远古时代人们普遍认为除了如山谷和山峰这样的地貌，人类居住的地方看起来是平的。但是古希腊哲学家开始有了其他的假设。据说阿那克西曼德（Anaximander）设想地球是一个高大于宽的圆柱体，位于天球的中心，而只有圆柱体上方的圆面才是人们居住的地方。据说他曾绘制了一幅世界地图，后来由迈力特的赫卡塔埃乌斯（Hecataeus of Miletus，公元前 550—前 476）加以修改和发展。这张地图将当时人们已知的欧洲、亚洲和非洲的版图绘在一个圆面上，希腊位于正当中，四周围绕着河流或海洋。这个世界有多大呢？以古代的测量手段当然很难得出精确的测量结果，但赫卡塔埃乌斯的地图中那个圆面的直径被认为大约有 8 000 千米。

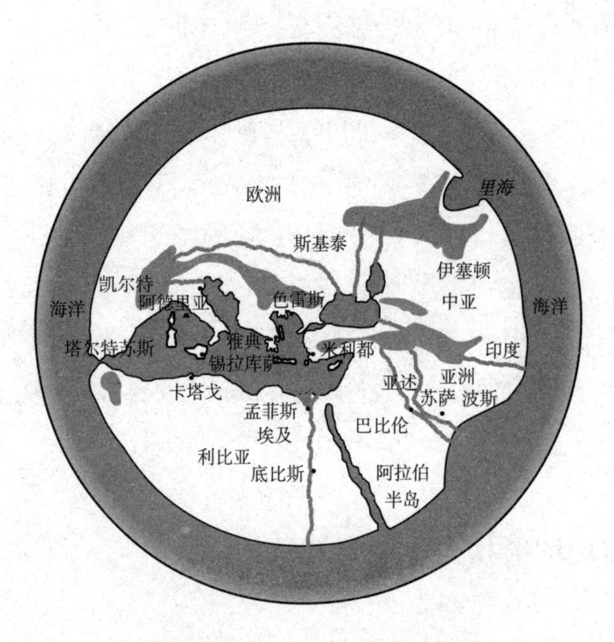

赫卡塔埃乌斯于公元前 6 世纪绘制的世界地图

亚里士多德的地圆说

亚里士多德提出各种论据反驳地平说。他们提出论据认为恒星在地平线上的高度根据观测地点的不同而不同。比如，向南行走的人观测星座，会发现星座在地平线上方的位置更高，这说明此时的地平线与观测者在北边观测时的地平线形成了一个角度。因此，地球不是平的。同样，在月食期间不同月相出现时，地球在月球上的投影总是一道曲线，不论月球在地平线上方的位置有多高。由于地球在各个方向的投影都是曲线，因此可以推论地球为圆形？

如果地球是平的，那么它是无限的还是有限的？赫卡塔埃乌斯似乎认为是有限的——但是如果地球四周环绕着海洋，为什么没有从圆柱体上方溢出？是因为天空和海洋连接起来形成了屏障吗？地球如何保持直立？认为地球是平的的设想引出了一些难以回答且令人担忧的问题。古希腊人认为地球是球形，并且如第二章所述，他们找出令人信服的论据证明这个观点。但是当古希腊人认定地球是球形后，他们是如何计算地球大小的呢？

测量地球的大小

在希腊化时代，亚历山大城由于拥有亚历山大博物馆和亚历山大图书馆这两个伟大的机构而成为古希腊文明的学术研究中心。正是在这里，人类第一次对地球的周长进行了定量估算。测量者是一位多才多艺的希腊学者，昔勒尼的数学家和地理学家埃拉托色尼。作为当时亚历山大城图书馆的馆长，埃拉托色尼得以接触大量写在莎草纸上的文献。他发现在亚历山大南部的赛伊尼（今天的阿斯旺），夏至正午时分的太阳会直接照射到一口深井的底部，阳光照射垂直的柱子时，不会投下任何阴影。而在亚历山大的同一时刻，阳光照射日晷却是有投影的。

描绘古代亚历山大城图书馆的版画

假设太阳在距离地球很远的地方，阳光在到达地球时应该是平行的，如果地球正如当时很多人所认为的那样是平的，那么相同的物体，无论放在何处，在同一天的同一刻所形成的投影就应该是一样的。但实际上，这些投影是不一样的，所以地球不是平的。

夏至的中午，埃拉托色尼在亚历山大城利用晷针测量了阳光和垂直立柱的角度，结果为圆周角的 1/50（7°12'）。他猜想地球是一个球体（360°），而亚历山大城位于与赛伊尼同一经线的北边，一个简单的几何推理（见下图）使得他用演绎法算出赛伊尼和亚历山大相对应的两个地球半径线之间的角度也为 1/50（7°12'），也就是整个圆周角的 1/50。

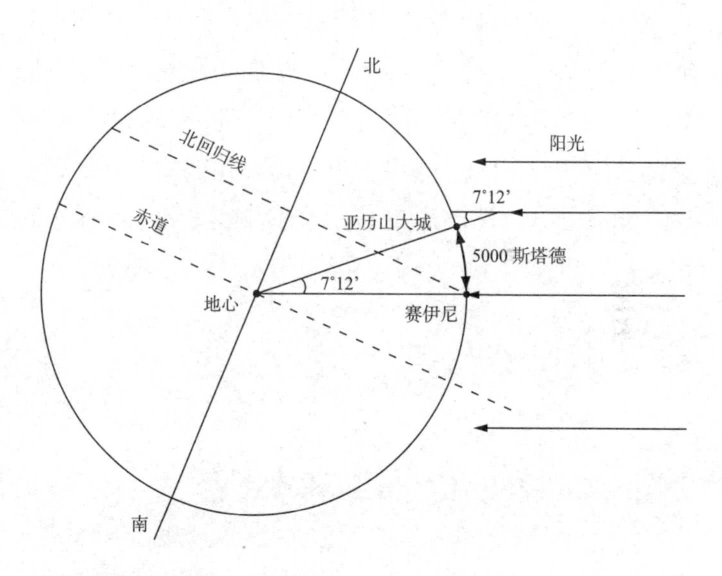

埃拉托色尼推理的示意图

由于埃拉托色尼已经知道两个城市间的距离为 5 000 斯塔德（约 800 千米），因此他可以计算出地球的周长，即两个城市间距离的 50 倍：250 000 斯塔德。实际上他采用了向上进位并取整的结果，按照每一度 700 斯塔德计算出地球的周长为 252 000 斯塔德。

对于埃拉托色尼使用的斯塔德的标准也有争议。希腊的 1 斯塔德是 185 米，据此算出的地球周长为 46 620 千米（比实际的周长多出 16.3%）。但如果埃拉托色尼采用的是埃及的斯塔德，1 斯塔德为 157.5 米，那么这个测量结果就是 39 690 千米（误差小于 2%）。

埃拉托色尼的数学推理很重要，但必须指出他的测量结果在准确性上还有一些问题。比如赛伊尼相对亚历山大城并不在同一经线的正南方向，而太阳是一个与地球的距离有限的圆盘，不是距离无限远的光点。另外，由于古代对陆地距离的测量结果并不可靠，因此他引用了很多错误的试验数据。考虑到运算中各方面的误差范围，埃拉托色尼对地球大小测算的准确性还是很让人吃惊的。当然，在那个测量工具欠发达的时代，这个结果可能只是巧合。

地图：纬度和经度，定位和投影

在埃拉托色尼逝世几个世纪后，托勒密开始在亚历山大城工作。运用先进的科学手段，他在《地理学指南》中绘制出当时古希腊文明已知的整个世界。托勒密综合各种数学方法，运用不同的投影方法绘制地图，并收集了大量的地理坐标对应约 10 000 处已知的地理位置。他在地图中以经线和纬线为参照系，采用纬度和经度这两个术语。托勒密将加纳利群岛附近的经线定为子午线（他的 0° 经线），将赤道附近的纬线定为 0° 纬线。他将具有半神话色彩的图勒岛经过的纬线标注为有人类居住的地球最北端。

看起来托勒密对地球的测量结果比起实际要小，因为当时的学者认为赤道上每一度对应一条 80 千米长的圆弧，这使得大圆的周长减少到不足 30 000 千米。托勒密在文艺复兴时期的特权和影响力鼓励着水手们下海航行去寻找地球的另一面。

在平面地图上绘制球面是一个数学难题。托勒密在制图学方面也做出了极大的贡献。据说在他之前的希帕霍斯曾将地球分成 360°，并设计了一组由纬线和经线组成的格子。希帕霍斯对研究如何把球面画到平面上很感兴趣，一些人认为正是希帕霍斯发明了立体投影制图学。另一位对托勒密产生过极大影响的地理学家和制图学家是泰尔的马里努斯（Marinus of Tyre，60—130），他首次将加纳利群岛的经线定为子午线，并将罗德岛所处纬线定为纬度的起点。据说正是马里努斯提出了圆柱投影法用于制图。

为了在平面上绘制地球表面，托勒密想出了圆锥投影法和伪圆锥投影法，并可以在平面上改变比例。在运用圆锥投影法的地图中，他把纬线画成同心的圆弧，把经线画为汇聚在北极的直线。在运用第二种投影法，即伪圆锥投影法时，他将经线画为聚合在北极的曲线，这使他绘制的地图有更大的延展性和更好的比例。

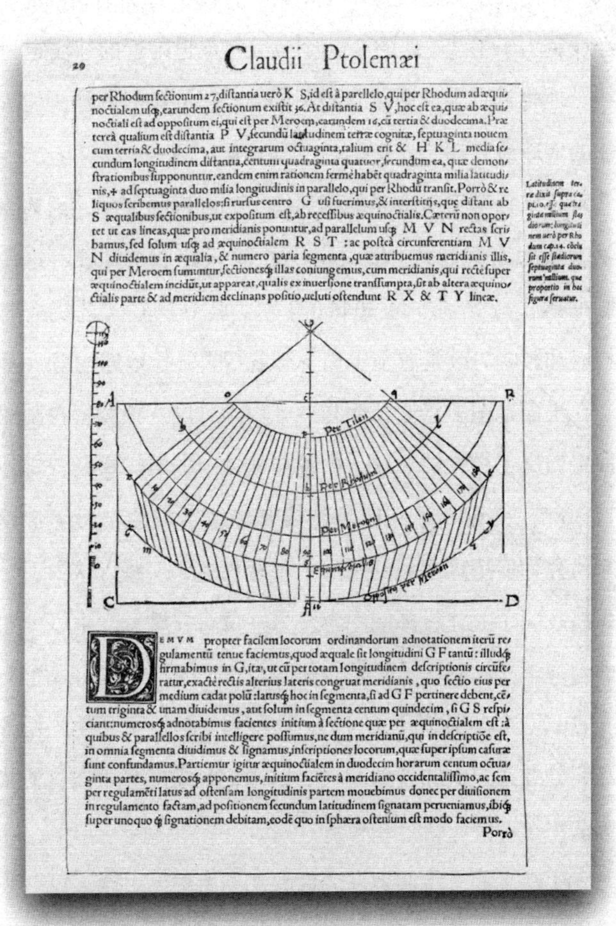

20 Claudii Ptolemæi

per Rhodum sectionum 27, distantia uerò K S, id est à parellelo, qui per Rhodum ad æquinoctialem usq;, earundem sectionum existit 36. At distantia S V, hoc est ea, quæ ab æquinoctiali est ad oppositum ei, qui est per Meroem, earundem 16, cũ tertia & duodecima. Præterea qualium est distantia P V, secundũ latitudinem terræ cognitæ, septuaginta nouem cum tertia & duodecima, aut integrarum octuaginta, talium erit & H K L media secundum longitudinem distantia, centum quadraginta quatuor, secundum ea, quæ demonstrationibus supponuntur. eandem enim rationem fermè habẽt quadraginta milia latitudinis, + ad septuaginta duo milia longitudinis in parallelo, qui per Rhodũ transit. Porrò & reliquos scribemus parallelos: si rursus centro G usi fuerimus, & interstitijs, quę distant ab S æqualibus sectionibus, ut expositum est, ab recessibus æquinoctialis. Cæterũ non oportet ut eas lineas, quæ pro meridianis ponuntur, ad parallelum usq; M V N rectas scribamus, sed solum usq; ad æquinoctialem R S T : ac posteà circunferentiam M V N diuidemus in æqualia, & numero paria segmenta, quæ attribuemus meridianis illis, qui per Meroem sumuntur, sectionesq; illas coniungemus, cum meridianis, qui rectè super æquinoctialem incidũt, ut appareat, qualis ex inuersione transsumpta, sit ab altera æquinoctialis parte & ad meridiem declinans positio, ueluti ostendunt R X & T Y lineæ.

Latitudinem terræ dixit supra cap.10. esse quadraginta milium stadiorum: longitudinem uerò per Rhodum cap.14. cõcludit esse stadiorum septuaginta duorum milium. quæ proportio in hac figura seruatur.

DEMUM propter facilem locorum ordinandorum adnotationem iterũ regulamentũ tenue faciemus, quod æquale sit longitudini G F tantũ: illudq; firmabimus in G, ita, ut cũ per totam longitudinem descriptionis circũferatur, exactè rectis alterius lateris congruat meridianis, quo sectio eius per medium cadat polũ: latusq; hoc in segmenta, si ad G F pertinere debent, cẽtum triginta & unam diuidemus, aut solum in segmenta centum quindecim, si G S respiciant: numerosq; adnotabimus facientes initium à sectione quæ per æquinoctialem est: à quibus & parallellos scribi intelligere possumus, ne dum meridianũ, qui in descriptiõe est, in omnia segmenta diuidimus & signamus, inscriptiones locorum, quæ super ipsum casuræ sunt confundamus. Partiemur igitur æquinoctialem in duodecim horarum centum octuaginta partes, numerosq; apponemus, initium faciẽtes à meridiano occidentalissimo, ac semper regulamẽti latus ad ostensam longitudinis partem mouebimus donec per diuisionem in regulamento factam, ad positionem secundum latitudinem signatam perueniamus, ibiq; super unoquoq; signationem debitam, eodẽ quo in sphæra ostensum est modo faciemus.

Porrò

托勒密所著《地理学指南》（1541 年出版于里昂和维也纳）中的圆锥投影法

人们利用托勒密的圆锥投影法绘制古代的世界地图，直到15世纪的水手们发现了更多的土地。这意味着投影制图学已经不能绘制所有的地域，因而这种投影法只用于绘制局部地区地图。

用投影制图学绘制地球时，不可能同时兼顾面积和角度的准确性。不同的投影法，如希帕霍斯、马里努斯和托勒密提出的投影法，都有不同的近似值。

如下图所示在立体投影法绘制的图中，球体上每一个A点［而不是极点（投影的焦点）］，都在平面上有一个对应的点，即直线PA与平面的交点。反过来，平面上的每一个B点都对应着一个A点（不是地球和直线PB的交点P点）。托勒密在《平球论》中阐述了这种投影法，他运用这个投影法将天球绘制到平面上。后来，阿拉伯学者也运用这个投影法背后的概念发明了可确定恒星在天球上位置的星盘。

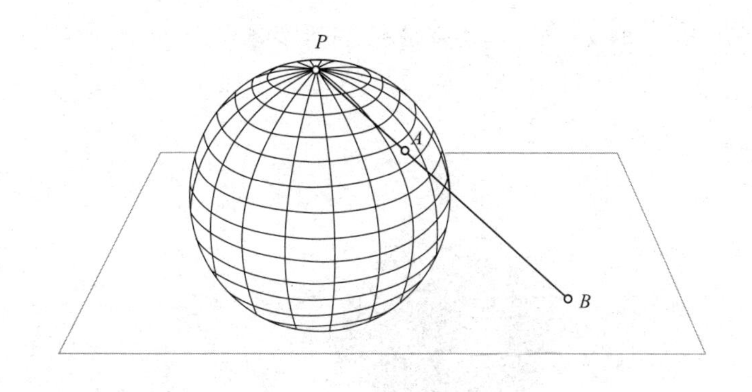

立体投影法

圆柱投影法是将地球表面投射到一个与赤道相切的圆柱体的侧面上。地图上靠近赤道的部分失真较小，而两极的区域出入较大。这种投影法绘制地图可以反映正确的角度，但面积变化很大；面积随着赤道向两极不断增加。

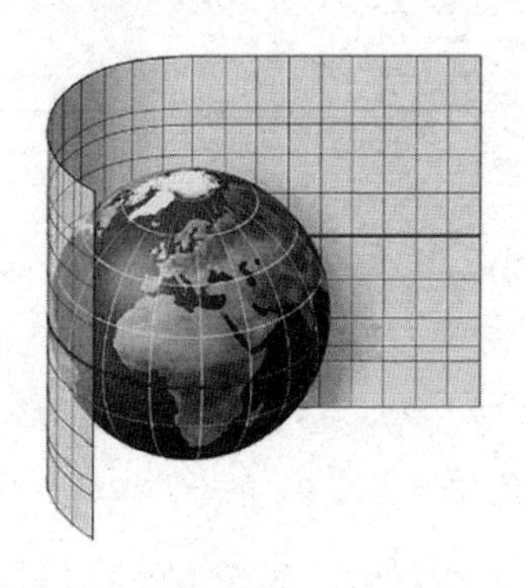

圆柱投影法

圆锥投影法把地球的一个极点作为焦点，将地球上的点投射到一个圆锥表面上。两极的区域变形了，但是这种投影法可以更精准地绘制被当作焦点的那一极的半球。相邻的纬线附近，地图的变形很小，但离得越远变形就越大。

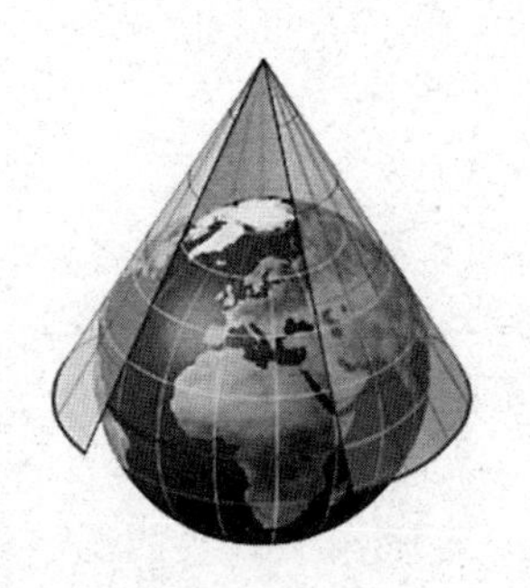

圆锥投影法

最伟大的马略卡波多兰航海图出自 1375 年亚伯拉罕·克莱斯克绘制的《加泰罗尼亚地图集》(*Abraham Cresques*)。上图为 19 世纪的复制品。

阿拉伯人收集了很多古希腊文化遗产。而在制图学和定位法方面，阿拉伯人和古希腊人一样擅长演绎法，而且更为实际。他们在研究中修改了以前收集的有关地球空间的数据。随后新的制图学在地中海地区兴起。13 世纪末，热那亚、威尼斯和马略卡岛的帕尔马成为有名的制图中心。这种制图学的特点是为了航海服务，而且制出的地图非常实用。由于欧洲已经普遍开始使用罗盘，人们需要制作出精确计算的航海图，表明船只的位置和到各港口的距离。这些着重绘制了各条航海路线的地图被称为波多兰[①]航海图，上面还绘制了明显的陆地特征、清晰的海岸线轮廓、江河的入海口、盛行风的风向等等。许多

① 波多兰，portolano，表示“与港口或海港相关的”。——编者注

波多兰航海图都是在 14 和 15 世纪制作的。

16 世纪时，航海技术到达鼎盛时期：不到一个世纪的时间，新发现的土地使已知世界的范围翻了一倍。地球的制图学已日臻完善，并且，费迪南德 · 麦哲伦（Ferdinand Magellan，1480—1521）和胡安 · 塞巴斯蒂安 · 德尔 · 卡诺（Juan Sebastian del Cano，1476—1526）的环游世界更是首次直接证明了地球是圆的。地球的各个尺寸很快得到又一次测量。

地圆说的第一个直接证据

第一次环球航行（1519—1522）为地球是圆形的说法提供了直接证据，这次航行是由费迪南德·麦哲伦发起，胡安·塞巴斯蒂安·德尔·卡诺最终完成的。1519 年 9 月 20 日麦哲伦率领 5 艘帆船从桑卢卡尔·德·巴拉梅达（加的斯）开始了这次远洋航行。他穿过大西洋到达今天里约热内卢附近的巴西海岸。麦哲伦接着到达普拉特河和巴塔哥尼亚，并在那里发现并穿过了后来以他的名字命名的麦哲伦海峡。他率领船员们冲破艰难险阻穿越了太平洋。他们发现位于马里亚纳群岛的关岛，并于 1521 年 3 月到达菲律宾，但麦哲伦却于同年 4 月 27 日逝于菲律宾。麦哲伦死后，这次航海由胡安·塞巴斯蒂安·德尔·卡诺继续领导。他乘坐“维多利亚号”帆船，从马鲁古群岛穿越印度洋，环绕非洲后于 1522 年 9 月 6 日返回桑卢卡尔·德·巴拉梅达，从而完成了第一次环球大航海。

用于测量子午线弧长的三角测量网

1669年到1670年，法国修道院院长兼天文学家让·皮卡尔（Jean Picard）成为第一个测量出精确的地球周长的人。他根据三角测地法原理进行了一项庞大的测量工程，而他采用的这种测量方法是威里布里德·斯涅耳（Willebrord Snellius，1580—1626）用过的。威里布里德·斯涅耳是莱顿大学的教师、天文学家和数学家，他在做好计划后于1615年开展过一系列测量活动，并于1617年出版《荷兰埃拉托斯特尼》一书，阐述了他的测量方法。这本书为测地线算法打下了基础，根据他提出的方法，人们可以通过三角测量法确定子午线弧度，从而测算出地球的周长。

从几何学的观点来看，三角测量法是利用三角形和三角法的特点计算各个未知的元素（边长和角度）。在测地学中，三角测量法是一种通过对需要测量的土地布设相互连接的三角网来测量各种尺寸的方法。这个方法需要先设定三角形的一条边为“基线”，然后从基线两端测量出这个边长，以及这条边与选定的第三个顶点连接后形成的角度。这就是三角网中的第一个三角形，然后它将被延长与子午线的两端相连。

在小说《两个英国人和三个俄国人的南非历险记》中，儒勒·凡尔纳（Jules Verne，1828—1905）清晰地描述了三角测量法中的各项程序：

为帮助不熟悉几何学的读者了解测地学工程，我们在此引用了《新天文学课程》的一些章节，作者是亨利四世中学的数学教师加尔赛特。阅读时请参看对应的图表——见下页——这个有趣的任务应该明白易懂了：

设 *AB* 为子午线，求 *AB* 弧长。先从 *A* 到第一个测站 *C*，量出基线 *AC* 的长度。然后，在子午线的两端，选出其他测站 *D*、*E*、*F*、*G*、*H*、*I*，利用经纬仪测量由各个测站形成的每个三角形的内角，角 *ACD*，角 *CDE*，角 *EDF* 等等。第一步是解出这些不同的三角形的角度和边长，因为第一个三角形中 *AC* 和各个角度是已知的，所以可以算出 *CD* 的长；第二个三角形中 *CD* 和各个角度已知，可以算出 *DE* 的长；第三个三角形，由于 *DE* 和各个角度已知，所以可以算出 *EF* 的长，以此类推。第二步，在 *A* 点可用普通方法确定子午线的方向，测出 *AM* 与基线 *AC* 形成的角 *MAC*，因此三角形 *ACM* 中，我们知道 *AC* 的长和相邻的角度，可以算出子午线第一条延长线 *AM* 的长。同时，计算出角 *M* 和边 *CM*；这样，在三角形 *MDN* 中我们知道边 $DM=CD-CM$ 以及相邻的角的角度，就可以算出第二条子午线的延长边 *MN*，以及角 *N* 和边 *DN*。在三角形 *NEP* 中，我们知道边 $EN=DE-DN$ 以及相邻的角度，即可以算出子午线的第三条延长线 *NP*，并以此类推。这样，一个一个下去便可以确定整个 *AB* 的弧长。

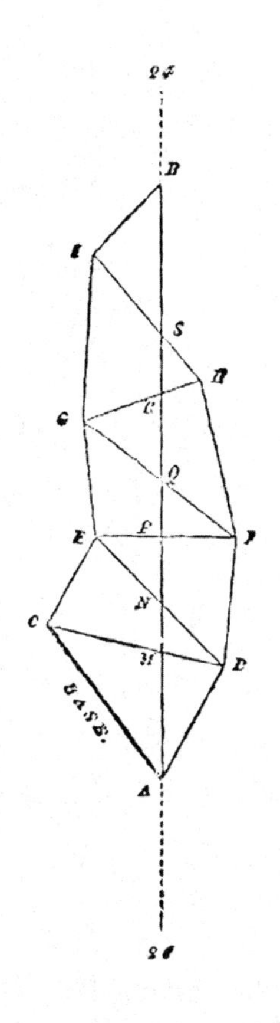

因此在运用三角测量法时，首先需要精确测量出三角形的边——基线，因为其他测量结果都是在这个基础上算出来的；实际上，这也是最艰苦困难的步骤。基线要尽可能取长一些，以尽可能将误差降到最小。通过测量每个点与相连的边，以及边与仔细挑选的第三个顶点形成的角度，确定三角网中的第一个三角形的边长和各角角度。

如果已知两个角和一条边（基线），那么运用三角测量法，我们可计算出其他要素（第三个角和其他两条边长）。这样我们可以确定一个完整的三角形，而这个三角形的任意一边都可当作与之相邻的三角形的基线。如果不断增加三角形，使之互相毗邻，最终可以在三角网中与子午线弧线的两个端点相连，从而测出弧长。如此不厌其烦地分解运算，因为天文经纬度的测量必须是最精准的。

一旦确定基线长度，就应该根据它的水平投影来计算。通常情况下，顶点并不一定都在相同的高度，因此顶点之间的距离应该减少，即我们应该将投影放在水平面或参照平面上来考虑。斯涅耳通过计算修正了计算公式，使之可以对应地球的曲度。

现代三角网的运用源自斯涅耳首先提出测量方法以及他对荷兰小镇阿尔克马尔和贝亨奥普佐姆之间距离的测算。这两个地点相隔一个纬度，大致位于同一条经线上。斯涅耳以自己家到当地教堂的距离为参照，建立了一个由彼此毗邻的 33 个三角形组成的网。他用一个 2×2 米的象限仪观察三角形的角度。经过测量后，他计算出两个小镇之间的距离为 117 449 码（107.395 千米）。实际上，两地距离约为 111 千米。

根据斯涅耳的方法，皮卡尔测算出经过巴黎的子午线上一纬度的距离。他在巴黎附近的马尔瓦斯内到亚眠附近塞尔顿的钟塔之间布设了一个由 12 个毗邻的三角形组成的三角网。皮卡尔选择岗楼、钟楼和其他类似建筑作为顶点，这些顶点位于互相可视的范围，通过测量这些顶点形成的角度，皮卡尔确定下三角网的基线。

让·皮卡尔（1620—1682）

让·皮卡尔毕业于拉弗莱西教会学校，曾与法兰西皇家高等学院（今法国巴黎高等学院）的数学教师皮埃尔·伽桑狄（Pierre Gassendi）共事。伽桑狄于1655年去世后，皮卡尔成为该学院的天文学教师，并于1666年成为新近成立的皇家科学院院士。他设计出千分尺这一工具用于测量天体直径（太阳、月亮以及行星），1667年，他为象限仪增加了望远功能，使观测工作更为高效。皮卡尔采用斯涅耳的三角测量法对地球进行了更精准的测量，并采用科学方法制图。

1671年，他和丹麦观测家奥利·罗默（Ole Romer）在天堡天文台观测到木星的卫星伊奥（木卫一）发生的140次日食现象。正是根据他们收集的数据，罗默首次测算出了光速。

皮卡尔在测量中首次将望远镜和象限仪结合到一起，开发出独特的测量工具。他的便携式象限仪结合了双筒望远镜和法国天文学家阿德里安·奥祖（Adren Auzout）发明的千分尺，这使得他的测量结果可以精准到分。千分尺根据螺旋原理将无法直接测量的短距离转换为可以用量尺量出的螺旋线。要得到精确的测量结果，必须知道不同观测点的高度（地平纬度）以及它们与参考平面的关系。皮卡尔计算的高度可精确到每千米误差一厘米。

皮卡尔试图测算出马尔瓦斯内到塞尔顿的直线距离有多少突阿斯（他使用的长度单位，1 突阿斯等于 6 法尺），并找出两地位于子午线上的不同纬度，也就是要进行两种测量：测地距离（以突阿斯为单位）和天文测量（以度、分、秒为单位）。

维勒瑞夫和奥尔日河畔瑞维西之间的道路是一条直线，皮卡尔仔细量出这条路程长 5 663 突阿斯，然后他用三角测量法完成了其余的测算。皮卡尔使用的测量单位是夏特勒突阿斯，也叫“巴黎突阿斯”（18 世纪末期，对 1 突阿斯的测量结果为 1.949 米），子午线上每一度对应的长度经他计算结果为 57 060 突阿斯。

由于皮卡尔改良了测量工具和它们的精准度，他的测量结果被认为是第一次合理准确地计算出地球半径的长度。他测量在同一经度上，纬度相差一度，距离相差 110.46 千米，与之对应的地球半径为 6 328.9 千米（现在对地球赤道半径的测量结果为 6 378 千米，两极半径为 6 356.8 千米，地球半径的平均值为 6 371 千米）。艾萨克·牛顿在制定万有引力定律时就引用过皮卡尔的数据。

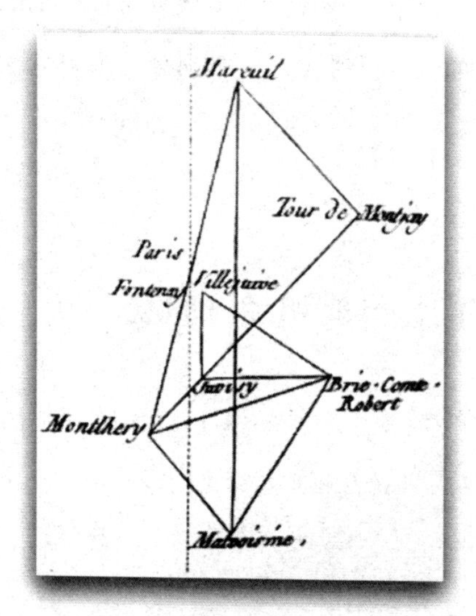

皮卡尔布设的三角网中的五个三角形

在皮卡尔的测量结果公布之后，巴黎天文台台长乔凡尼·多米尼克·卡西尼（Giovanni Domenico Cassini，1625—1712）和他的儿子，也是他的后任雅克·卡西尼（Jacques Cassini，1677—1756），也对巴黎子午线进行过测量。雅克对敦刻尔克到佩皮尼昂之间的子午线进行测量，并于 1720 年发表了测量结果。稍后在 1733 到 1740 年，雅克和儿子凯撒·卡西尼（César Cassini）运用三角测量法对法国进行测量，并于 1745 年首次出版了一张准确的法国地图。

随后，其他国家也采用三角网测量法进行测量并制作了类似的地图。比如英国于1783年开始了不列颠的三角测量工程（大三角测量），直到19世纪中期才全部完成。在西班牙，第一个关于绘制全国地图的提案是由乔治·胡安（Jorge Juan）于1751年提出的，但直到1875年西班牙才出版了第一份全国地形图。

定位和定向：导航和经度问题

要确定平面上任意一点的位置，我们可以采用笛卡尔坐标系，坐标起点为两条互相垂直交叉的线横轴（x）和纵轴（y）；给出两个数值（x，y）就可确定平面上任意一点。同样，当我们把地球当作一个球面时，要找出地球上任意一个地点的位置，也需要知道两个数值：该地点的纬度和经度（地理坐标）。经纬度相当于一个经过两极的大圆面上的两条轴，即将我们选定的一条子午线作为基线或测量的起点（零度子午线），大圆则相当于天赤道。

地球上任意一个地点的纬度是在经过地心的子午线上测出的该地与赤道的角距离。测量结果用度、分、秒表示，范围在0°到90°，并且要表明所在的半球是北半球或南半球。例如：41°24'14"N。因此在同一个地球平行圈（平行于赤道的圆）上的所有点都具有相同纬度。

对纬度的测算可以采用天文学的方法，并不复杂。在北半球采用的一种简单的测量方法只需在找到北极星（北天极）后，测量观察视线和观察者所处水平面的角度，就可知道某个地点的纬度（在南半球，则以南十字座为参照）。还有一些在白昼就可测量出纬度的方法，例如，测量太阳在水平线上方的高度，再将太阳一年内沿黄道运动的轨迹画到坐标内。

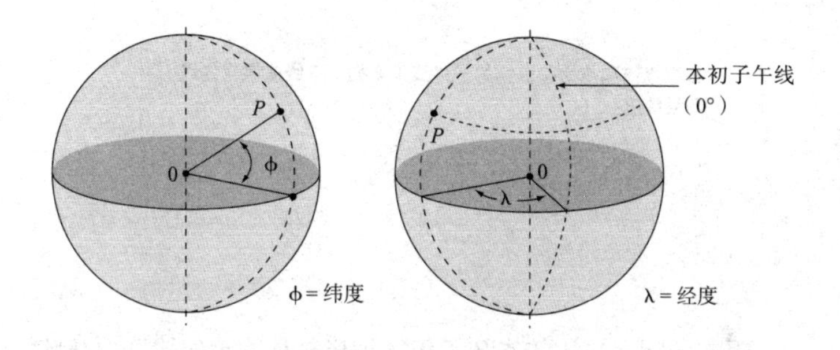

P 点在地球上的经纬度

经度是在赤道上从地心出发，子午线的基线（实际上是半条子午线，即 0° 经线），与经过某地的子午线之间形成的角度。测量结果和纬度一样，也采用度、分、秒作为单位。测量结果的范围为 0° 到 180°，并以零度经线的东西两侧进行标注，例如 2°14'50"E。地球两极间位于同一半子午线的所有地点都具有相同经度。

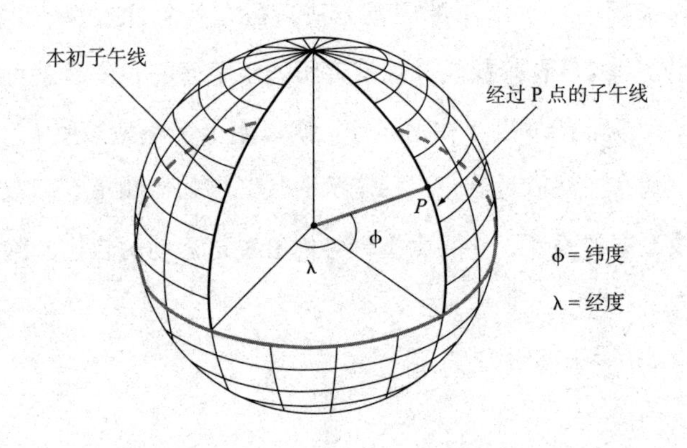

根据赤道和作为参照物的子午线（本初子午线或零度经线）计算经纬度

现在国际上采用的本初子午线为格林尼治子午线，而在此之前有众多子午线曾作为本初子午线。如上所述，要在船上计算纬度，是比较简单、容易解决的。而经度的计算，如有陆地上的参照物时，还相对比较容易，但在没有固定参照物的海洋上时，问题却非常复杂。

计算经度的问题在克里斯托弗·哥伦布（Christopher Columbus）发现美洲大陆后开始受到重视。人们通常通过减去船只从东到西或从西到东的行程距离来计算经度。为此，水手们使用了测程板，一种测量船只航行速度的工具。测程板上连着一根盘在卷轴上的绳索，绳索可以轻松地转开；绳索上等距离地打了很多结。水手将测程板抛到船尾，并放开最前面的一段使之在水下稳住。当水手碰到绳索上第一个结时就喊“计时”，另一位水手就开始用一个沙漏计时；当负责沙漏的人看到所有沙子都掉下后就会通知第一位水手，第一位水手便停止释放绳索，报告已经放掉的结的数量。例如：“三结半”或“六结四分之一”。这就是为什么直到今天船只的航行速度依然用“节”作为测量单位。

当然，这种初级的测量经度的方法导致了测量结果的不精确和航行中的灾难，因此经度的计算成为所有有海外利益的国家需要优先解决的国策。在 17 世纪和 18 世纪初期，经度计算也就成了最急需解决的技术难题。

理论上，计算经度可简化为计算测量参照点（出发地或零度经线）与船只地点之间的时间差。当太阳经过观察者（船只）所在子午线时，如果出发地的时间是已知的，就可能算出经度，即到出发港或零度经线的角度，因为两条子午线之间的时间差可以转换为度数。地球每旋转 360° 要 24 小时，即每个小时旋转 360° 的 1/24，也就是 15°。地球在 1 小时或 60 分钟内旋转 15°，那么每一度的时间相差 4 分钟。

经度也可以通过计算两地正午的时间差（当太阳经过子午线的时候）测算出来。理论上，这可以通过天文观测和天文测量方法完成。当时人们认为或许可以通过观测日食来测量，但这个方法并不适用于远洋航行，而且日食间隔时间较长，并不会经常出现。

通过观察日食计算经度

假设我们已知日食即将在某地（在陆地或天文台）发生的时间，而我们正在海上。如果我们可以测量日食发生的当地时间，那么我们就可以计算出经度。使用这个方法只需要有一个写有日食发生在参照点的时间表（当然还有数学公式）。在16世纪，对日食的观测是一个在陆地上很有效，但不适合在海上应用的确定经度的方法，因为海洋的流动很难将测量工具固定在一个地点，而且日食并不经常出现。实际上，每年日食的次数只有两次到五次，如果我们算上月食，每年也只有两次到七次，平均每年四次。20世纪被记录的日食和月食总共为375次，其中228次为日食，147次为月食。除了发生的次数少以外，日食的可见度也是一个问题，这取决于当地的气象条件，如果是阴天就无法观察。

这种可预见的天文现象发生频率很低，但由于伽利略在1610年发现了木星的卫星，从而改善了这个局面。当围绕木星旋转时，木星的卫星们将发生多次互掩互食的现象。木卫食每年发生约一千次，且发生的时间是可预测的。虽然观察木卫食可以在陆地和海洋上测算经度，但由于船只的不稳定性，以及所有的观察必须在晴朗的夜晚才能进行，所以施行时还是很困难。

因此在海上测量经度依旧是一个难题。测量太阳的位置可以确定当地时间，但在没有精确时钟的情况下如何得知标准时间呢？在众多因素中，摆钟的正常工作会被船只的摇摆打乱，纬度的变化也会导致钟表变快或变慢。船上的钟表显示的时间往往很难与出发港的时间相同，这导致在计算经度时产生大量误差。

1714 年，英国国会提供了 20 000 英镑的赏金，以奖励能找到在海上测量经度方法的人。英国钟表匠约翰·哈里森（John Harrison，1693—1776）成为大部分奖金的获得者。他在工作数十年后，发明了一种精确的航海计时器，并在 1761 年一艘开往牙买加的航船上测试成功。当这艘船耗时 147 天返回英格兰时，计时器的误差仅为 1 分 54 秒。

至此，经度测量的问题才得以解决，虽然还有一个经济方面的障碍：哈里森的计时器造价相当于一艘船的三分之一。现在，全球定位系统（GPS）可以测出船只的准确位置，我们将在第六章中对此加以阐述。

地球不是正球体

对地球的测量，包括皮卡尔的方法，都是在地球是一个正球体的假设下进行的。可是就在皮卡尔的测量结果发表后的几年后，在 1671 到 1673 年，乔凡尼·多米尼克·卡西尼的助手之一、法国天文学家让·里歇尔（Jean Richer，1630—1696）

在法属圭亚那的卡宴有了一个重大发现。他发现一台在巴黎走时准确的秒摆在卡宴却慢了，进而推理出这是由于卡宴距地心的距离比巴黎远，地球的重力发生了变化。当这个发现的报道传到欧洲时，法兰西科学院的院士们感到非常震惊。让·里歇尔回到欧洲后，着手研究单摆的长度，使单摆能在巴黎准确表现出秒的长度，即让单摆从一端摆到另一端的一次来回刚好一秒。在其他地方也进行过类似的测量活动，人们发现同为一秒，摆长会随着纬度的变化而变化。按照现存的理论，所有的事实都说明如果地球吸引单摆的引力在不同地方有不同变化，那么地球就不可能是一个标准的正球体。

考虑到里歇尔的研究结果，牛顿1687年出版的《自然哲学的数学原理》进一步奠定了力学基础原理。牛顿为解释地球的形状提供了数学依据，并认为地球的形状与他发现的万有引力定律有关。如果我们的地球是由相同性质的液态物质组成，并且在不停旋转的话，那么地球一定是一个两极稍扁的椭球体。牛顿宣布地球的扁率为1/230，即假设地球的横截面是一个椭圆形，那么长轴比短轴长1/230。

在法国，雅克·卡西尼于1720年出版了《地球的伟大形状》，在书中他反驳了牛顿认为地球是扁球形的论断，雅克根据他领导的科利乌尔-巴黎-敦刻尔克的子午线实测工作，提出了天文观测数据和大地观测数据（虽然有些科学院院士认为这些测量结果中存在错误）来支持自己的论证。卡西尼批评牛顿的论断存在太多推测成分，主张地球是一个赤道稍扁的椭球体。地球到底是什么形状呢？伦敦皇家科学院和巴黎科学院展开了激烈而又带有民族主义情绪的争论，使英法两国在这个问题上陷入对立局面。

为平息争论，巴黎科学院决定在两个相距尽可能远的纬度测量出子午线上一度的精确弧长。为此，他们组建了两支包括天文学家、数学家、自然学家以及其他学科专家在内的远征队。一支前往拉布兰省，由皮埃尔·路易·莫佩尔蒂（Pierre Louis Moreau de Maupertuis，1698—1759）带领，成员包括勒·美尼耶（Le Monnier）、克莱罗（Clairaut）、加缪（Camus）、瑞典的安德斯·摄尔西乌斯（Anders Celsius）和奥特海尔（Outhier）神父。另一支前往秘鲁总督区（具体位置在今天的厄瓜多尔），由天文学家路易·戈丁（Louis Godin，1704—1760）率队，成员有地理学家拉·孔达曼（La Condamine）、天文学家兼水文地理学家布盖（Bouguer）和植物学家朱西厄（Jussieu）。南美科学家佩德罗·维森特·马尔多纳多（Pedro Vicente Maldonado）在瓜亚基尔加入了这支远征队。其他成员还有钟表匠于戈（Hugot），工程师兼素描画家莫兰维尔（Morainville）、船长库普里（Couplet），外科医生兼植物学家森尼尔格斯（Séniergues）、技师戈丁·德·奥东内斯（Godin des Odonnais，戈丁领队的侄子），以及绘图专家兼造船工程师韦尔甘（Verguin）。

当时的秘鲁总督区是西班牙的领土，必须得到西班牙皇室的许可才能进入位于赤道地区的安第斯山脉考察。作为条件，远征队又加入了两名优秀的加的斯皇家海军陆战团学院年轻军官乔治·胡安·圣西利亚（Jorge Juan y Santacilia）和安东尼奥·德·乌罗阿（Anotonio de Ulloa）。

1736 年至 1737 年间前往拉布兰省的远征队因为有数学家克莱罗的加盟，在较短的时间内便得出了测量结果，瑞典军队在此建立的驻地也为一行人提供了很多帮助。科学家们在北半球的夏季花费了大量时间在柯提斯和托尔尼奥之间 100 千米的距离布设了三角测量网。他们在春季和秋季进行了天文测量，因为那时候的夜晚很长，但不会太冷。他们测量了一条冻结的河流表面作为三角网的基线。莫佩尔蒂对子午线的测量结果表明，在平均纬度 66 ° 20' 的地方，子午线每一经度的长度为 57 438 突阿斯。把这个结果与皮卡尔在巴黎附近纬度约 48° 的地方所测结果 57 060 突阿斯一比较，便可以确定地球是一个两极稍扁的椭圆体（牛顿的结论）。

与之相对，美洲远征却成了一个长篇传奇。远征队 1735 年从拉罗谢尔出发一年后到达了基多。途中队员们遇到了各式各样的困难：法国科学家之间经久不息的争论、恶劣的天气条件、凹凸不平的地形、财政问题。远征队在 1741 年分成了两组。由于安第斯山脉地形复杂，队员们必须登上 4 000 多米的高地进行作业，因此测量工作和布设三角网的工作尤为困难。队员们决定在相隔 354 千米的一段距离上布设 43 个三角形来测量子午线相差 3° 的距离，而不是 1°。最后，1749 年布盖得出测量结果为 56 763 突阿斯，胡安和乌罗阿以及拉·孔达曼

一幅描绘人物利用测角器进行三角测量的素描。该图为儒勒·凡尔纳小说《三个英国人和三个俄国人在南非的历险记》的插图

的测量结果为56 768突阿斯。因此如果问用什么形状来形容地球，那么可以说地球是一个两极稍扁的椭球体（或者用伏尔泰的话来说更像是一个西瓜而非哈密瓜）。当然这些测量结果和计算结果均表明牛顿是正确的。

乔治·胡安与圣费尔南多皇家天文台

西班牙海军军官乔治·胡安·圣西利亚是前往赤道测量子午线经度长度的远征队成员之一。他是一位在18世纪对西班牙科学现代化做出杰出贡献的科学家。胡安留下的遗产一直保留到现在，那就是他于1757年在加的斯的圣费尔南多创建的皇家海军天文台。今天的皇家海军陆战团学院和天文台不仅可以对宇宙和地球进行观测，也是科学研究和文化交流的中心。这里的学术活动很多，包括计算历书，出版有关航海年历、气象观测、地震观测以及磁场观测的著作，还承担着计算发表西班牙官方时间（世界标准时）的任务，同时也保存着西班牙公制度量的标准物。

乔治·胡安·圣西利亚。画像藏于马德里海军博物馆

第五章

确定米的长度

本章将简单回顾一下“米制”的历史，我们将看到从18世纪开始，由于世界各地的人们使用的测量单位和测量方法各不相同，从而产生了各种各样的问题，于是需要建立一个国际通用的度量单位。我们将先讨论新的长度单位需要满足什么样的条件，然后看看当时提出的各种建议，以及为什么会决定用测量子午线弧长的方法来确定新的测量单位。接下来介绍一下完成这个任务的数学方法（三角测量法），使用的工具（博尔达复测经纬仪度盘），还有完成任务的主人公们［让-巴蒂斯特·德拉布尔（Jean-Baptiste Delambre）和皮埃尔·梅尚（Pierre Méchain）］，以及有关测地远征的奇闻和遭遇。最后，我们将看一下米制被大众接受的过程，某些国家对米制的抵抗以及米制引起的纷争。

统一测量单位的需要

18世纪时，牛奶不是以“升”为单位卖，称土豆也不用“公斤”做单位，这些单位那时都还不存在。对于相同重量、相同体积的物品，在不同的国家、地区、县或镇所使用的测量单位都不同，一般当地的官方测量标准工具会放到城门处公示。

在巴伦西亚和卡斯特隆，当地使用的 1 瓦拉或 1 码大约是现在的 0.906 米，而在特鲁埃尔使用的 1 码是 0.768 米。在卡斯特隆买 1 码的布，再以相同单价卖到特鲁埃尔，就能赚到 18% 的利润。里格也是一个各地规格不一的单位，西班牙的 1 里格是 5 572 米，而法国的 1 里格是 3 898 米。尺的长度更是各不相同，从布尔戈斯尺（0.278 米）到最长的法国尺（0.324 米）。现代，由于尺被用于欧美铁路系统的建造和运营，所以成了一个很重要的单位。现在国际铁路测量单位起源于英国，是 4 英尺 8 英寸半（1.43 米）。重量单位“磅”也有不同规格：公制（十进制）建立之前，欧洲曾有过 391 种不同标准的磅。

由于各地使用的测量单位数量繁多标准不一，相互之间的贸易变得不方便，货物的交易过程也特别复杂。缺乏统一的测量标准使得测量单位成为一种压迫，而统一度量衡单位便成为法国大革命的目标之一。1790 年 2 月 9 日，人称“克特多的普里厄”，负责革命军武器弹药征用的军事工程师克洛德-安托万·普里厄-迪韦努瓦（Claude-Antoine Prieur-Duvernois，1763—1832），在法国国民议会上陈情要求统一度量衡。

度量衡单位的统一不仅是当时社会进步的需求，也是科学界关注的焦点，法兰西科学院在这个进程中发挥了重要的作

种类繁多的“尺”

很多国家都采用带有人体特征的“尺”作为测量单位，下面列举的是“尺”在不同国家的长度规格，对应单位为米：

1布尔戈斯尺	0.278米
1法尺	0.324米
1莱茵兰尺	0.314米
1罗马尺	0.297米
1阿姆斯特丹尺	0.283米
1瑞士尺	0.300米
1英尺	0.304米
1俄尺	0.305米
1埃及尺	0.225米
1奥地利尺	0.316米

用。正在发展中的物理学认为测量不同的物理量应该有不同的单位和标准。这些测量单位可以测量不同物质共有的性质，比如油和酒。如果考虑到两者的相同性质（都为液体）那么油和酒就不应该用两套不同的测量单位，而是需要一个统一的单位和标准。数年后，“升”的诞生完成了这项任务。

长度是很多物体都具有的性质，是一个基本物理量。由于当时的长度单位数量太多，自然要先制定出一个统一的长度单位作为起点。而要制定标准，就需要有精准的测量工具来测量标准物，并且这个标准物可以便捷地被复制，从而可以传播出去。这个条件当时已经具备：技术上的巨大进步使人们可以生产出更加精准的测量工具。

宣扬平等思想的法国大革命对统一度量衡单位需要满足的条件产生了决定性的影响。他们提出的条件有三个：被所有国家接受，永恒不变，不能依据人体制定［如尺（foot）和掌（palm）］。

选定子午线

新的测量单位需要满足什么条件呢？人们考虑过哪些建议？最终决定是何人如何做出的？最后，为什么大家决定要测量子午线弧长，他们测的是哪条子午线？这些问题导致了为建立米制所做的三次远征。

制定新的测量标准

根据法兰西科学院的指示，需要找到一个可以存在于自然界的长度标准，因为他们认为这样的标准才是恒久不变的、属于所有人类。因此新标准必须是稳定的，经得起时间的检验。

可是到底什么现象可以当作新的测量标准，满足上述所有条件呢？当时有三个选择：第一是单摆摆动的弧长，第二是赤道的弧长，第三是子午线的弧长。

新的测量标准应该设定为多长才适用于日常生活？有人认为应该以半个突阿斯的长度作为初始长度。应法国国民议会的要求，法兰西科学院成立了一个委员会，对议会提出的三个提案进行了分析研究。

三个提案

在克特多的普里厄提出应该制定统一度量衡单位的提议三个月后，法国国民议会在 1790 年 8 月对这项提议的可能性进行了讨论。会议期间，出现了两个相关提案。一个提案支持米制改革，另一个提案建议将单摆摆动的弧长作为新的长度标准。担任议长的欧坦教区主教夏尔·莫里斯·德·塔列朗（Charles Maurice de Talleyrand）建议，将北纬 45 度的单摆在一秒钟内摆动的弧长设定为标准长度。克特多的普里厄进一步提出，新的长度单位也应该采用十进制。因此要把单摆的弧长分为三份相同的长度，每一部分为一尺长，在此基础上制定十进制长度单位：10 寸为 1 尺，10 线为 1 寸。

在所有发言结束后，国民议会要求科学院起草一份研究分析所有提案的报告，以决定如何实施测量单位改革。科学院任命了一个委员会，成员包括当时最杰出的科学家：皮埃尔-西

十进制和非十进制单位

与非十进制相比，十进制的高效在计算中尤为明显。比如，在十进制中计算两段长度的和，3 米 +7 厘米 =3.07 米或 307 厘米，不同单位间很容易互相换算，因为对应的单位都是 10 的倍数，也就是十进制。与此相反，在计算 1 小时 35 分钟 +42 分钟时，我们不能写 1 小时 77 分钟，而是写 2 小时 17 分钟。因为 1 小时是 1 分钟的 60 倍而不是 10 倍。

非十进制系统在计算分数时也有很多困难。如在两种进制中都有$\frac{1}{4}+\frac{1}{2}=\frac{3}{4}$，但在十进制中，$\frac{3}{4}$米 =0.75 米或是 75 厘米，而$\frac{3}{4}$小时 =45 分钟，因此不能写作 75 分钟，或 7.5 小时，我们需要根据单位判断分母的数值，如在时间的例子中，$\frac{3}{4}=\frac{45}{60}$。

虽然小时、分和秒之间对应的不是十进制，但时间采用六十进制说明这个进制在这里使用起来是比较简单的，也因而可以一直沿用多个世纪直到今天。但其他的非十进制系统就非常复杂、不方便使用了，因此在米制确立之后便很少再应用于实际。

蒙·拉普拉斯（Pierre-Simon Laplace）、约瑟夫·路易斯·拉格朗日（Joseph Louis de Lagrange）、让-夏尔·德·博尔达（Jean-Charles de Borda）、加斯帕尔·蒙日（Gaspard Monge）、尼古拉斯·德·孔多塞（Nicolas de Condorcet）。1791 年 3 月 19 日，委员会发布了一份报告，提出三种既可以恒久不变又可以被所有人接受的长度单位备案：

1. 在北纬 45°，单摆在一秒内走过的弧长（一个摆动周期的一半）。

2. 赤道长度的四分之一。

3. 子午线弧长的四分之一。

最终决定

和普里厄的提案一样，科学院也赞成采用十进制，而在报告的三个方案中，科学院支持在子午线弧长的基础上设定新的长度标准。科学院的报告发布后，国民议会便要做出最终决定。1791 年 3 月 26 日，国民议会批准了科学院的决定，选择了第三个方案："采用子午线弧长的四分之一作为统一的长度标准，以这个长度的一千万分之一作为通用长度单位。"会议期间，议会决定采用单词"meter"（来自希腊语 metron，意思是测量）作为这个长度标准的名字。

是什么促使科学院选择了子午线的长度作为测量标准呢？

当时已经有一些子午线弧长的测算结果，但还需要再开展进一步的测量工作以达到新标准要求的精确度。但为什么要开展一项比测量单摆弧长花费多得多的工程呢？委员会的这个决定引起了一部分人的愤怒，其中就有让-保尔·马拉（Jean-Paul Marat），因为他已经有好几项科研工作（主要是物理学）都被科学院否定了。委员会没有通过测量赤道的提案，主要是因为赤道上还有一些不为人知的地区会给测量工作带来许多困难。

在这方面，以前在秘鲁总督区进行的测量工作无疑也是一个不利因素。但是为什么单摆弧长的提案会被否决呢？相比之下这个选项更为简单易行，花费也不多。原来委员会就长度标准能否以时间单位和地球引力值为依据进行了辩论。他们讨论的焦点是：时间是否没有长度那么基本？这些矛盾只是暂时的，人们后来对米的定义为这两种物理量建立起了联系，稍后我们将对此进行说明。

那么到底是什么原因让委员会最终选择了测量子午线呢？答案并不明确，对此人们有着各种猜测。有的历史学家认为这是因为委员会成员之一的博尔达发明了一种先进的角度测量工具。测量子午线可以显示他的工具有多么优秀，进而可以将它作为地形和天文计算的工具。

哪条子午线?

由于当时的制图师还不能测量从北极到赤道整个子午线的

长度，他们决定尽可能选择一段最长的子午线，再根据测量结果推算出完整的长度。为了尽可能减少地形的高低起伏对测量的影响，大家决定选择一段穿过北纬 45° 且终点在海平面上的子午线，同时没有穿过大型山脉。因此这段子午线要避开欧洲最大的两条山脉：阿尔卑斯山脉和喀尔巴阡山脉。最终有 3 条弧线可选：阿姆斯特丹—马赛，瑟堡—穆尔西亚，以及敦刻尔克—巴塞罗那。

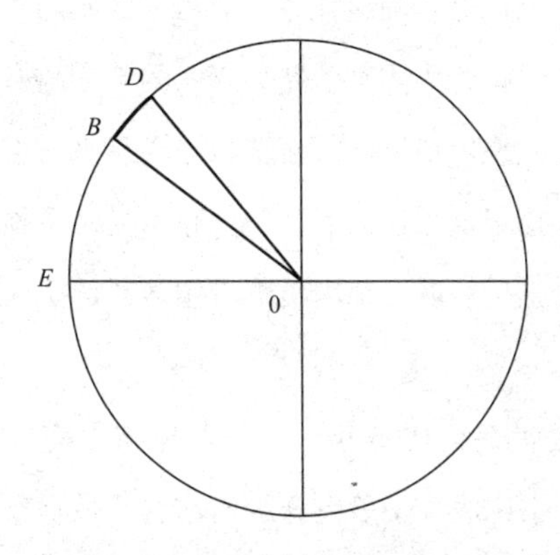

用于确定 1 米长度的子午线。E 表示赤道，B 表示巴塞罗那，D 表示敦刻尔克

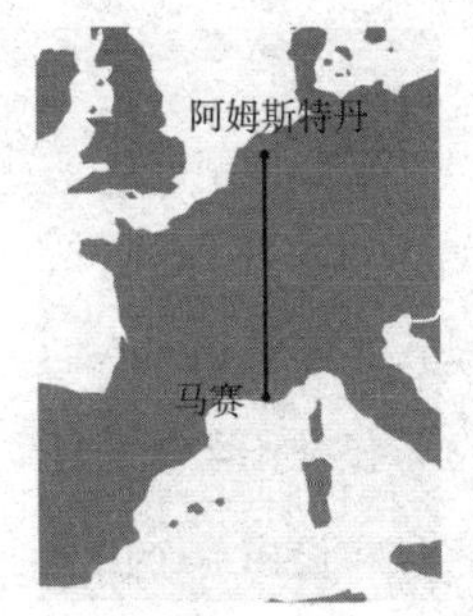

最终第三个选项被选中，原因是这段子午线在之前已经被测量过几次，如 1739 年就曾对敦刻尔克和佩皮尼昂之间的子午线弧长进行过测量。当然这条子午线经过巴黎也是选择它的原因之一，同时也正是因为这个原因，使得最初愿意参与测量工作的英方人员于 1791 年离开了项目。

1791 年 4 月，科学院委员会委托让–巴蒂斯特·德拉布尔、乔凡尼·多米尼克·卡西尼、阿德里安–马里耶·勒让德尔和皮埃尔·梅尚完成这个测量任务。但后来卡西尼由于仍效忠于被推翻的皇帝，拒绝为囚禁了路易十六的革命政府服务。1792 年 2 月 15 日，德拉布尔全票当选科学院院士。1792 年 5 月，在卡西尼最终拒绝这项任命后，德拉布尔受命带领从敦刻尔克到罗德兹的北方远征队，梅尚负责带领从罗德兹到巴塞罗那的南方远征队。

在梅尚去世后，1806 年 1 月，德拉布尔完成了一部共 3 卷的报告书，书中收录了所有详细的数据、观测条件和三角测量法的计算结果，书名为《米制的创立》。

三角形：测量的数学基础

200 多年前，要在地面上测量子午线弧长并非易事。人们只能间接地、一段一段地进行测量，所有测量任务不可能只凭一次测量完成。整个测量工作要沿着测量区域布设出一个由相

BASE
DU SYSTÈME MÉTRIQUE DÉCIMAL,
OU
MESURE DE L'ARC DU MÉRIDIEN
COMPRIS ENTRE LES PARALLÈLES
DE DUNKERQUE ET BARCELONE,
EXÉCUTÉE EN 1792 ET ANNÉES SUIVANTES,
PAR MM. MÉCHAIN ET DELAMBRE.
Rédigée par M. Delambre, secrétaire perpétuel de l'Institut pour les sciences mathématiques, membre du bureau des longitudes, des sociétés royales de Londres, d'Upsal et de Copenhague, des académies de Berlin et de Suède, de la société Italienne et de celle de Gottingue, et membre de la Légion d'honneur.
SUITE DES MÉMOIRES DE L'INSTITUT.
TOME PREMIER.
PARIS.
BAUDOUIN, IMPRIMEUR DE L'INSTITUT NATIONAL.
GOURCIER, libraire pour les mathématiques, quai des Augustins, nº 57.
JANVIER 1806.

梅尚和德拉布尔报告书的封面

邻三角形构成的网。布设好三角网后，只需要测出一条基线的边长和每个三角形的任意两个内角，就可以计算出三角网中所有三角形的边长。最终，通过布设三角网和进一步的计算，就可推算出相应的子午线弧长。这就是三角测量法，这个方法也可以将不规则的土地形状划分为三角形，从而进行测量。这个方法在上一章“运用多个三角形测量子午线弧长”的部分曾做过介绍。

我们先回顾一下这个方法是如何测量的。首先在地面上找出一条基线，尽可能精确地测出基线的长度。然后以基线的两个端点为两个三角点，再找一处高地作为第三个三角点，建立一个假想的三角形，这样从任何一个三角点都可以看到另外两点，从而可以测量出这个三角形的三个内角。当已知三角形的一个边长和两个内角角度后，就可计算出其他边长，这两条边进而可用作另外两个三角形的基线。根据在第一步中测算出的长度，再测量出新的三角形的内角，就可计算出这些三角形的边长，再用作其他三角形的基线。通过重复这些步骤，就可以布设出一个三角网。这些三角形的边长都是已知的，它们的三个角所处的点叫作三角测量点，通常设在高地，如山顶、钟塔等比较高的地方。

这种布设三角网的方法存在两个问题。因为这些三角形不在同一平面上，也不在同一经线上（上面提到这些三角形组成一个覆盖不同经线的三角网），因此，在测量中要采用两种不同的投影法，这使得计算过程比较复杂。

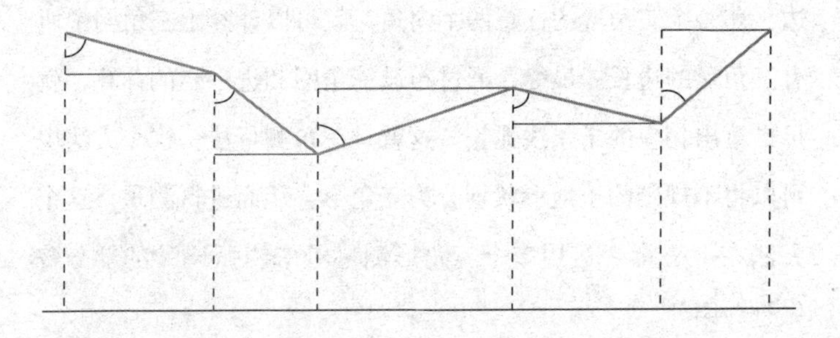

三角形各边在同一水平面上的投影

同时，有的边必须投影在子午线的方向，这样它们的投影连起来才能代表子午线。这种方法要用到方位角，即子午线和需要投影的三角形的边所构成的角（见下图）。

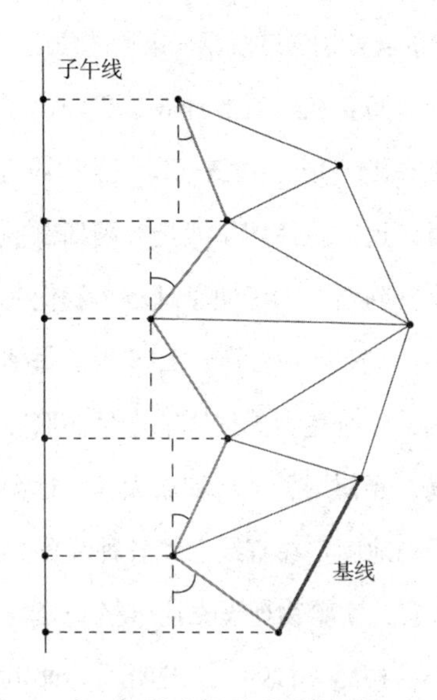

三角形的边在子午线上的投影

地面上的任务就是确定观测站，即三角测量点，这些点需要至少和 3 个不同的三角点互相通视，以布设一个贯通子午线的三角网。从一个测站到另一个测站，测量相邻两个测站之间的水平角度。然后要选一个三角形的边长作为基线，以计算所有相连三角形的边长。这一步可以沿北端的测站到南端的测站，测量出子午线的弧长。因为这些角距离是从高处测量出来的，因此需要如前图所示将测量结果转换为平面上的普通三角形。

测量工具和精确度

为确保三角测量法的结果准确，必须以最高的精确度测量基线（三角网中的起始边）和相邻三角形的角度。为了得到最好的测量结果，同时防止在以后的计算过程中出现错误，必须使用高精度的测量工具，还要保证三角点之间尽可能互相通视。

测量基线时，远征队使用了四把突阿斯制的量尺，每把量尺的长度是两个突阿斯。为了便于理解，我们先用后来确立的米制来换算一下，1 突阿斯约等于 1.95 米。每把量尺都镀有一层白金和一层铜，以避免因天气影响产生热胀冷缩。为了在读尺时尽可能准确，还使用了卡尺和放大镜。远征队还携带了可以将量尺整齐平稳地固定在直线上的各种装置。

法国海军军官、实验物理学家让-夏尔·德·博尔达（Jean-Charles de Borda，1733—1799），发明了一种用于测量角度的光学仪器，叫作博尔达复测经纬仪度盘。这个装置是由当时法国最好的科学设备制造商艾蒂安·勒努瓦（Étienne Lenoir）制造的。博尔达复测经纬仪度盘可以在不移动设备的情况下对同一角度做出多次测量。由于在测量三角点之间的角度时需要有最好的可视度，而成功完全取决于当时的天气条件，所以为了提高可视度，人们有时需要使用烧鲸鱼油的油灯。

人们自然也想知道这些测量方法究竟能有多高的精确度。他们测量了两条基线：一条基线用于计算略桑到默伦之间的距离，另一条用于计算法国南部海边的韦尔内到萨尔斯之间的距离。默伦基线的测量结果为 6 075.90 突阿斯（约 11.8 千米），韦尔内基线为 6 006.249 突阿斯（约 11.7 千米）。他们在从默伦到韦尔内基线 640 千米的一段距离上布设了一个由 53 个三角形组成的三角网，计算出这段距离为 6 006.089 突阿斯，其中的误差只有 0.16 突阿斯，也就是约 31 厘米。

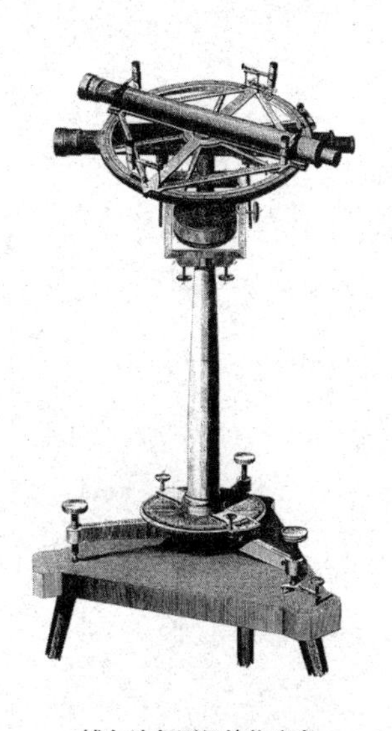

博尔达复测经纬仪度盘

对敦刻尔克—巴塞罗那子午线弧长的实地勘测

第一次勘测

天文学家让-巴蒂斯特·德拉布尔和皮埃尔·梅尚都是约

瑟夫·杰罗姆·拉朗德（Joseph Jérôme Lalande）的学生。他们1792年至1799年间负责实施了此次测量工程第一次也是最有名的一次实地考察。考察于1792年6月开始。德拉布尔负责子午线的北段，他的助手有米歇尔·勒弗朗西斯（Michel Lefrançais，拉朗德的侄子，天文学家），本杰明·贝雷特（Benjamin Bellet，仪器师，艾蒂安·勒努瓦的学徒）和一名叫迈克尔（Michael）的仆人。

梅尚是一位非常认真严谨的天文学家，他负责测量南段的子午线弧长（从比利牛斯地区的卡尔卡松到坎普罗东、萨卡尔姆、马塔加尔斯和巴塞罗那）。梅尚的助手有让·约瑟夫·特兰肖特（Jean Joseph Tranchot，一名军事工程师和制图师）、埃斯特弗尼（Esteveny，也是在勒努瓦手下做学徒的仪器师）和一名叫勒布伦（Lebrun）的仆人。他们于1792年年初到达了比利牛斯地区，同年10月抵达巴塞罗那。德拉布尔在几年后编写的报告书第一册中，记录了这段距离中整个三角网的布设。

实施这样庞大的测地工程，可想而知会出现很多困难，除此以外还有一些其他问题。1793年5月1日，梅尚和加泰罗尼亚科学家弗兰塞斯克·萨尔瓦（Francesc Salvà）一同启程前往巴塞罗那郊区的一处泵站。一个不幸的事故导致水泵两米半长的操纵杆突然击中梅尚的胸部并将其顶到一面墙上。梅尚倒在地上，不省人事。当晚，城里最好的外科医生弗兰塞斯克·桑托朋克（Francesc Santponc）应召而来。经诊断，梅尚的右胸

让-巴蒂斯特·约瑟夫·德拉布尔

德拉布尔是国际米制委员会的第一批委员之一，这个委员会成立于法兰西共和历第三年的 10 月 7 日（即公历 1795 年 7 月 25 日）。同时当选的还有拉格朗日、拉普拉斯、梅尚、卡西尼、布干维尔（Bougainville）、博尔达、布歇（Buache）和卡洛施（Caroché）。梅尚于 1804 年去世后，德拉布尔被任命为巴黎天文台台长，直到 1822 年去世。1809 年，法兰西科学院表彰了德拉布尔，将他所著的子午线测量报告评为近十年内最优秀的科学出版物。德拉布尔出版了一系列有关天文学历史的书，这些书显示出他对数理分析的极大兴趣，如《天文学史》（1817）、《中世纪的天文学史》（1819）、《现代天文学史》（1821，共六册）。德拉布尔去世后，他的学生克洛德·马蒂厄（Claude Mathieu）出版了德拉布尔的最后一部著作《18 世纪的天文学史》。

凹陷，肋骨粉碎，锁骨也断成了几截。尽管如此，梅尚还是慢慢地恢复了过来，他的胳膊在受伤六个月后仍然没有知觉。

1793 年，对路易十六的处决引起法国和西班牙的战争，也导致了测量工程的延迟。

当西班牙境内的子午线测量完成后，梅尚本打算返回法国，但是当时的法国政府既不同意他回国，也不允许他进入早前进行过观测工作的蒙锥克城堡。梅尚只好暂驻在巴塞罗那的埃斯古德耶街，在下榻的旅馆里进行了更多的观测工作，并发

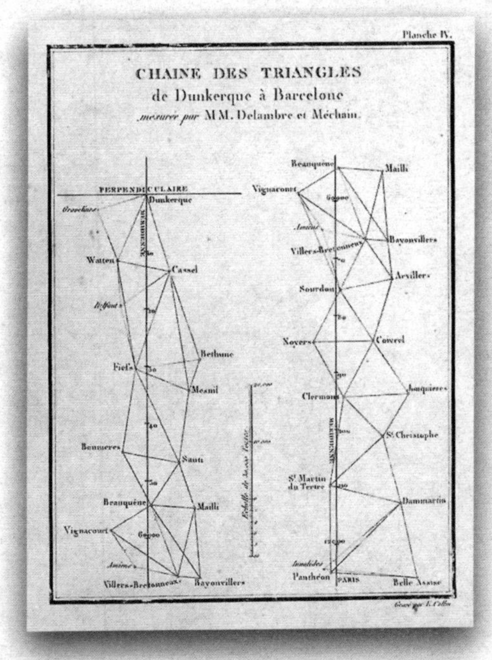

梅尚和德拉布尔报告书中记载的一段布设在敦刻尔克经巴黎到罗德兹的三角网

皮埃尔·弗朗索瓦·安德烈·梅尚（1744—1804）

梅尚最初在巴黎学习数学，但由于经济原因他不得不放弃学业成为一名家庭教师。他年轻时就钟情于天文学和地理学的研究，后来更是将自己的一生都奉献给了天文事业。正是这种一丝不苟的治学态度使梅尚后来担起测量从罗德兹到巴塞罗那的子午线南段弧长的重任。从1771年到1774年，梅尚和查尔斯·梅西耶（Charles Messier，1730—1817）一起观测并记录天体活动。梅西耶负责寻找彗星，为了将彗星和其他天体区分开，他把天体编入了一个目录，在这个过程中还发现了一些前人没有记录过的天体。这个目录最初只收录了40个天体，到编写完成时，由于有其他天文学家的合作，收录的天体数量大约有100个。这个目录现在被称为梅西耶目录，因为目录里记载的天体都可以用望远镜或小型天文望远镜观测到，所以深受天文爱好者的青睐。当然，这个目录里只收录了可以在北半球观测的天体，观测范围在北天极到北纬35°左右。

现先前在蒙锥克城堡的观测工作中有一个 3.24" 的测量错误，这个错误一直到梅尚去世都一直困惑着他。梅尚从 1794 年 6 月开始待在巴塞罗那，直到 11 月才最终被允许返回法国。

正如梅尚在巴塞罗那一样，德拉布尔也在法国遇到了各种困难。当工作人员午夜从钟塔和附近的山顶相互发出信号时，三角网涵盖的城镇和村庄的居民往往无法理解这些绅士到底在做什么。其实这是科学家们为了避免在白天测量时容易出现的误差，但当地的农民却认为他们是间谍，并常常破坏他们的信号点或朝他们扔石头。

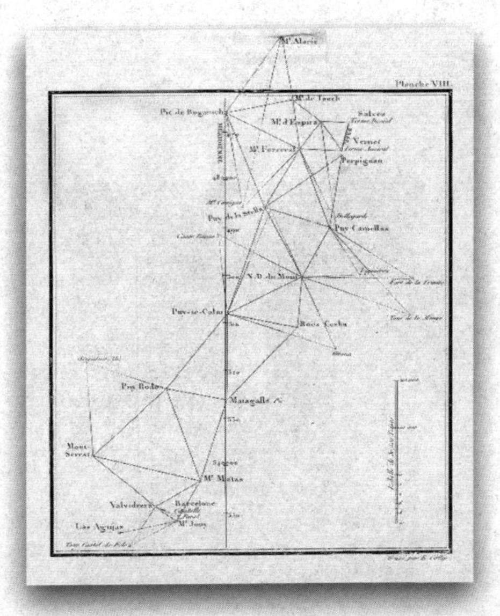

布设在加泰罗尼亚地区的三角网，摘自梅尚和德拉布尔的报告书

第二次勘测

从 1803 年至 1804 年的第二次勘测将子午线的测量范围延长到了巴利阿里群岛。法国经度管理局于 1802 年 8 月 31 日决定将测量范围延长到巴利阿里群岛的富拉马尔福。这项决定背后的原因是什么？首先，人们认为子午线弧越长，测量结果越准确。其次，延长测量范围意味着将子午线弧度旋转 45°，并可将因地球扁率引起的误差降至最小。梅尚时任巴黎天文台台长，也许因为一直纠结于他在巴塞罗那发现的测量误差，他坚持认为他有义务参加并领导这次勘测工作。

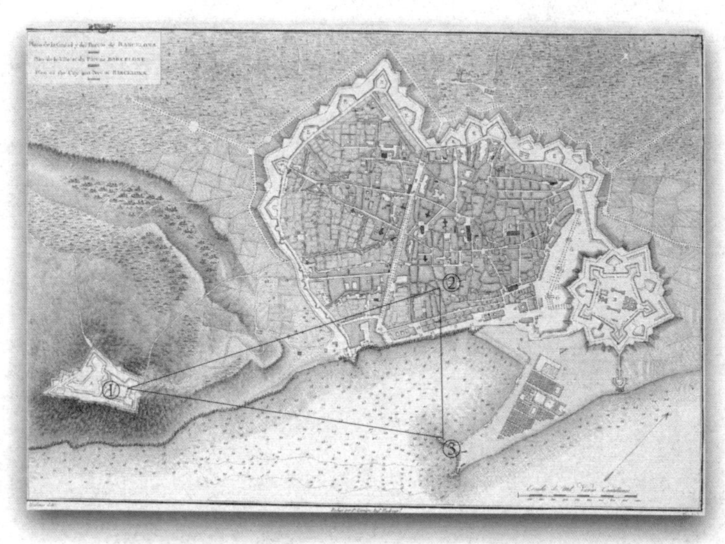

梅尚最后在巴塞罗那布设的三角网

① 蒙锥克城堡的致敬塔　② 丰塔纳德奥罗旅馆（位于埃斯古德耶街）　③ 巴塞罗那港钟塔

梅尚布设的最后一张三角网中的一个三角点：巴塞罗那港的钟塔

梅尚被委任领导此次勘察工作后，第二次踏上前往西班牙的征程。这次他的助手有海军工程师德萨乌切（Dezauche）、曾在马德里待过一年的梅尚以前的学生让-巴蒂斯特·勒·舍瓦利耶（Jean-Baptiste Le Chevalier），以及梅尚 18 岁的儿子奥古斯汀（Augustin）。梅尚于 1803 年 5 月 5 日到达巴塞罗那，在这里得到护卫舰舰长恩里莱（Enrile）以及马德里天文台副台长乔斯·谢克斯（José Chaix）的全力协助。为了获得前往巴利阿里群岛的相关许可，梅尚不得不等待了很长一段时间，其间他决定在巴塞罗那南部海岸到蒙特西亚地区的这段距离上寻一些新的站点。同年秋季，梅尚以巴塞罗那为起点进行了几次三角测量，如从巴塞罗那到哈拉夫、巴塞罗那到蒙特塞拉特等。

在测量过程中他沿海岸线布设了五个三角网。

11月初，梅尚再次来到巴塞罗那，并终于得到了许可，但当原本要送他去岛上的护卫舰到达巴塞罗那港接梅尚和恩里莱时，大副和一半的船员却患上了黄热病，整艘船因此被隔离了起来。恩里莱舰长不顾船上的疫情，决定回到自己的舰艇上。同时，舍瓦利耶为了探寻文物，前往了西班牙南部，谢克斯则去了马德里。他们之所以离开一方面是因为担心染上黄热病，另一方面是因为梅尚的刚愎自用，甚至连博尔达复测经纬仪度盘都不让他们操作。

为了顶替这几位离开的助手，梅尚雇佣了一位三位一体修道会的修道士阿格斯蒂·卡尼里斯（Agusti Canelles），这位修道士自称是一个天文学家，对自己的技术充满自信，并迫切地想在这次具有重大历史意义的勘测工作中发挥作用。同时，卡尼里斯也被西班牙政府任命代表政府协助梅尚的工作。

1804年2月8日，梅尚得以起航前往伊维萨岛。他在伊维萨岛和马略卡岛停留了一段时间后到达伊比利亚半岛。1804年8月，他在卡斯特利翁-德拉普拉纳的贝尼卡西姆附近的帕尔马斯沙漠普奇山进行了测量。由于卡尼里斯在测量中出了一些错误，梅尚不得不比计划多停留了一段时间。

这次的计算错误使他们将一个信号点设置到了一个错误的位置，为此他们又额外工作了两个星期。有迹象表明梅尚正是在普奇山感染了间日疟，并导致他于9月20日在卡斯特利翁去世。卡尼里斯也在此时患病，还接受了3次放血治疗。

从卡斯特利翁的普奇山上俯瞰贝尼卡西姆

第三次勘测

毕渥和阿拉戈参加了1806年至1808年的第三次勘测。1805年，数学家拉普拉斯就向法国经度管理局提交了一份提案，建议将测量子午线弧长的范围延伸到巴利阿里群岛。为完成这项由梅尚发起却因其去逝而搁浅的测量计划，天文学家让-巴蒂斯特·毕渥（Jean-Baptiste Biot）和年轻的巴黎天文台秘书弗朗索瓦·阿拉戈（François Arago，出生于佩皮尼昂附近一个叫伊斯塔格尔的村子）被委以重任。

1806年9月，毕渥和阿拉戈启程前往西班牙的巴伦西亚地区。西班牙政府指派了两名专家陪同并参与他们的工作，一位是乔斯・谢克斯（José Chaix，巴伦西亚天文学家和数学家，后担任马德里天文台副台长），他曾经是梅尚领导的代表团成员，另一位是乔斯・罗德里格兹・冈萨雷斯（José Rodríguez González，曾在巴黎求学的加里利亚数学家，圣地亚哥大学教授）。毕渥和阿拉戈还得到了海军上尉马内尔・瓦卡罗（Manel Vacaro）的协助，上尉的工作是根据西班牙科学家的指示负责安置船只。

正当考察队在帕尔马斯沙漠，即梅尚染疾地点的附近进行勘测工作时，让-巴蒂斯特・毕渥也病倒了。毕渥只好请阿尔塔夫拉的科学家安东尼・马蒂・弗兰克斯（Antoni Martí Franquès）来接替自己的工作直到他病愈。1808 年 1 月，毕渥带着已完成的 11 个三角形测量结果返回法国，由阿拉戈继续测量工作。

阿拉戈的最后一项工作是在西班牙境内对马略卡岛和皮提乌斯克岛之间的距离进行三角测量，这次测量将覆盖马略卡岛，伊比沙岛和福门特拉岛。连接这三个岛屿可测量出一段 3° 的子午线弧长，这将进一步完善人们对地球形状的知识。1808 年 4 月，阿拉戈到达马略卡岛，开始在莫拉德瑟斯克洛普山开展最后的测量工作。

1808 年 5 月 27 日，正当阿拉戈进行最后的观测工作时，西班牙独立战争爆发的消息传到了马略卡岛，这使得阿拉戈的处境变得十分艰难。据阿拉戈在自传《我的青春》中回忆，是他的冒险精神以及会说加泰罗尼亚语的技能救了他一命。当

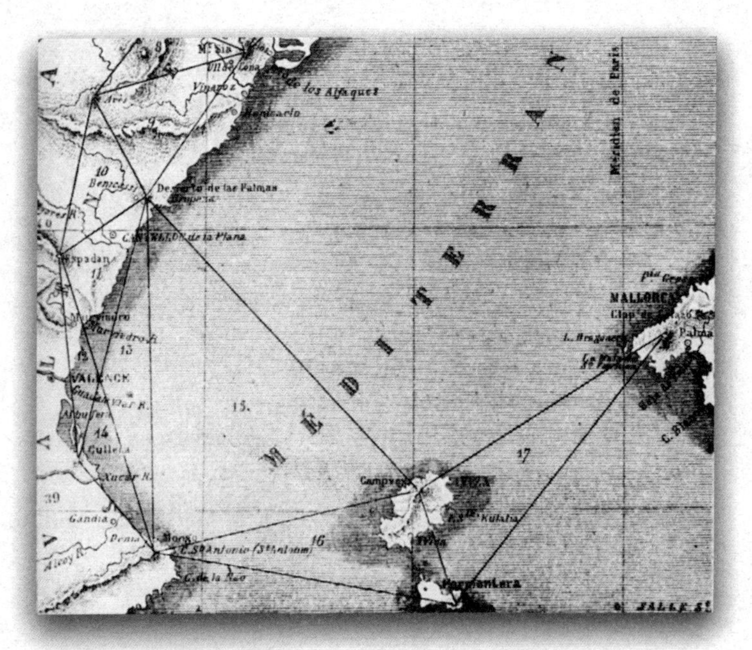

在巴利阿里群岛布设的三角网

独立战争爆发的消息传到岛上，一些当地人开始怀疑这个每晚在山顶发送信号的法国人是个间谍，还决定抓住阿拉戈交给当地政府。幸运的是，一名阿拉戈船上的水手听到了这个计划并给阿拉戈报了信，让阿拉戈换上水手的衣服赶紧下山。途中阿拉戈碰到了前来抓捕他的一群人，幸亏他乔装打扮才没被发现。阿拉戈回到船上后，由西班牙政府任命的队员乔斯·罗德里格兹·冈萨雷斯向西班牙舰队发去消息。一名西班牙海军上将决定将阿拉戈关押在贝利韦尔城堡等待进一步的消息。过了一些日子，阿拉戈从城堡逃出来去了阿尔及尔，再从那里设法上了一艘开往马赛的船。但船只在渡口遭到扣押，阿拉戈被带到了帕拉莫斯港，又从那里被送到了罗斯，在那里被关押了一段时间。直到1809年8月30日，阿拉戈才最终向法兰西科学院递交了报告书，里面包含了所有测量数据和计算结果。

巴塞罗那德格洛利亚斯广场的纪念碑

为纪念测量敦刻尔克—巴塞罗那子午线200周年，法国和西班牙各地举行了各种文化活动。例如，在巴塞罗那的德格洛利亚斯广场，人们竖起了一座由敦刻尔克市捐赠的纪念碑。敦刻尔克正是由于测量子午线的弧长而和巴塞罗那结缘。按照连接两座城市的子午线弧长比例，这座纪念碑被做成了一面长50米、最高处达2米的钢墙。墙的两端各有一块绿色大理石的纪念匾，一块代表地中海，另一块代表大西洋。雕塑上刻有3段文字，以加泰罗尼亚语、西班牙语和法语三种语言描述了这项工程。

纪念测定敦刻尔克—巴塞罗那子午线弧长的纪念碑

米制的胜利?

米的诞生

德拉布尔和梅尚主持的测地学、天文学和数学研究工作最终确定了“米”的标准长度。1793年1月，当两人还在进行最初阶段的测量工作时，十进制的米制测量单位就被确立为长度单位的基础，人们根据先前的测量结果暂定了1米的长度。

1799年6月22日，法国国民大会上展出了一根铂金米尺，由勒努瓦根据最终确定的米的长度制成，并取代了先前暂定的米。同时展出的还有代表1千克标准重量的样本——在气温3.98℃的环境中体积为1立方分米的蒸馏水。这些样本都被收藏在法兰西共和国的档案馆里，故也称“档案米”。

在法国经度管理局1809年8月30日的会议记录中，收录了对米的长度的不同测量结果，这些结果来自由弗朗索瓦·阿拉戈提交的对巴塞罗那到福门特拉岛的子午线弧长测算的结果报告。如果按照这个新数据重新计算米的长度，那么这个长度比1799年指定的档案米，即那根铂金米尺长了约0.2毫米。这个小小的偏差并没有导致铂金米尺长度的改变，这根铂金米尺仍然被当作米的标准长度，直到90年后，人们才又重新制作了一根。新的铂金米尺呈X形，由铂铱合金（铂金90%、铱10%）制成，因为这种材料有更好的抗伸缩的特性。现在这根最初的铂金米尺被保存在位于巴黎附近的塞夫勒的法国经度管理局在布勒特伊宫的总部。

随着米制的建立，米的长度也得以确定，但不同国家对这些测量单位的采用状况却是复杂且缓慢的。比利时和荷兰于1816年开始采用米制，西班牙和希腊是1849年，葡萄牙1852年，德国1870年，而瑞典是1875年。

两种并存的单位制

欧洲国家逐渐开始采用新的米制，但英国和美国的情况却不同，他们仍旧保留了自己原来的度量单位。

乘坐飞机出行时，机内的小屏幕会告诉我们飞机的飞行线路和飞行高度。这个高度一般是以英尺为单位的，偶尔才会用千米表示。以英尺为单位的数字总是一个整数，而相比之下，以千米为单位的数字却不是整数。是什么原因让机长要带着我们飞在这样一个特别的高度呢？理由很简单：所有的飞机仪表采用的都是英制单位，英尺表示高度，英里 / 时表示速度。

一次严重的测量错误

1999年9月23日，按计划是NASA的火星轨道探测器在286天的航行后登陆火星的日子。但NASA却在此刻和探测器失去了联系，原因只是他们没有使用统一的测量单位。地面控制小组在计算降落参数时使用的是英制单位，而他们把数据发送到了使用米制单位的飞行器上时却没有转换单位，最终由于

1999年9月23日“火星气候探测者号”在火星着陆。
同时使用两种测量制导致探测器的损坏，最终任务失败（图片来源：NASA）

导航失误，“火星气候探测者号”不幸失事。

我们来看一下当时的数据。由于飞行器在开启着陆程序时的最小离地距离为53英里，否则可能会因为高温而引起爆炸，因此技术人员将这个距离设定为59.54英里，这个距离看起来应该没有问题。但飞行器得到的指示却是59.54千米，而这正是这次事故的根源：虽然59.54比53大，但59.54千米只相当于37英里，显然远远小于能使飞行器免于解体的53英里。

第六章

现代测量

20世纪下半叶，世界各国历史上各种各样的十进制基本被国际单位制（Système International d'unités，简称SI）取而代之。人们测量地球，研究它的形状并能够定位其中任何一点，由此创建起现代大地测量学和GPS技术。接下来，为了制定日历、系统地测量时间，人们又开始了对计时法的研究。古希腊人就曾思考过有关宇宙的问题，并建立了第一个关于宇宙的数学模型。至今，现代天文学里又出现新的天文测量单位，用来描述巨大的天体间距。计数和测量是相关的，它们在物理世界和数学模型中共存，但只有后者才能精确测量连续数和实数。通过数学方式，我们可以确定所有事物的长度、面积和体积，这主要由微分计算解决，微分为测量理论的发展奠定下基础。

测量方法的多样性

前段时间，我有个同事打来电话，和我谈了关于一个学生的事。事情的起因是一道物理考题，他给了这个学生零分，学生不服，坚持自己的答案是正确的。两人决定找个仲裁人，做出公正客观的判定，而我就是被选中的那个人。考题是这样的：“如何用一个气压计来测量塔的高度？”学生的解答是：“把气压计拿到塔顶，然后用一根长绳将其从塔顶吊到地面，在绳子落地的地方做个标记，拉起绳子，测量标记的长度就能求得塔高。”

这个学生的回答是正确的，但他不能获得高分，因为他的回答不能证明他有足够的物理学知识来获得物理学学位。我建议给他第二次答题机会，让他必须运用相关的物理知识解答该题。几分钟过去了，这个学生还按笔不动。我问他是否想放弃，他说他对这个问题有很多不同的解法，现在正在找最好的一个。

过了一会儿，他答道：“可以让气压计从塔顶自由落体到地面，测量所需的时间，之后，应用公式求得塔高。”

$$x=\frac{gt^2}{2}$$

我问同事对这个答案是否满意，他给了那个学生高分。后来我又遇到了这个学生，让他说说其他解法。他说：“还有很多方法。比如，天晴的时候，测量气压计的高度、其影子的长度和塔的影子的长度。通过一个简单的比例计算也可以算出塔高。”

我说：“不错，还有呢？”他又跟我说了几种测量方法，都有效，也合乎逻辑，但是没有一个是教科书上的那个答案。最后，他总结道："还有其他很多方法来解这道题，最简单的方法可能是去看塔人的办公室，对他说：'我有一个气压计，如果你告诉我这塔高，我就把它给你。'"我问他是否知道我一直希望的答案是什么（从气压计显示的塔顶和地面的气压差求出两者之间的高度差）。他说他知道，但大学老师天天试图教他如何去思考，他对此早已心生厌倦。

斗转星移，这个传奇变得越来越煞有其事。据说，那个学生就是丹麦物理学家尼尔斯·玻尔（Niels Bohr，1885—1962），而仲裁人就是欧内斯特·卢瑟福（Ernest Rutherford，1871—1937）。然而，这只是讹传。其实这个故事来自 1958 年发表在《读者文摘》上的一篇文章，作者是华盛顿大学物理学教授亚历山大·卡兰德拉（Alexander Calandra，1911—2006），他一直致力于教育事业。

这个故事表明物理量的测量方法多种多样，不管是直接的还是间接的方法，都可以测得准确的结果。只是，18 世纪的科学家们更希望看到的理想结果是，表达结果的计量单位应该统一。

物理世界的测量

国际单位制

1875年，为了统一米制单位，一条名为“米制公约”的国际协议应运而生。和协议一起诞生了一个名为“国际度量衡大会”的组织，对国制单位的制定和修改起着决策作用。该组织在1889年举行了第一次国际度量衡大会，后来大会每四年举行一次。到今天已经有超过50个国家遵守米制公约。

米制公约出现后，国际单位制开始逐渐形成。在1960年，根据36个国家签署的协议，国际度量衡大会改进了米制，采用了国际单位制（符号：SI）。国际单位制是指一组测量单位，各类测量都只能有一个单一的单位与它对应。每个单位必须符合如下三个条件：

稳定性（测量不能随时间变化或因人而异）

全球性（它可以在世界的任何地方使用）

可重复性（测量可以轻松重复）

国际单位制规定了7个基本单位。其他物理量由这7个基本单位的公式导出。每个量都有一个对应的单位。基本单位对应基本量，导出单位对应导出量的定义公式。下面简述几种基本单位和其基本量。

基本物理量名称	基本单位名称	单位定义时间	单位符号
长度	米	1983	m
质量	千克	1889（1901）	kg
时间	秒	1967—1968	s
电流	安培	1948	A
热力学温度	开尔文	1967—1968	K
物质的量	摩尔	1971	mol
发光强度	坎德拉	1979	cd

基本单位的定义

1米（m）是真空中光在$\frac{1}{299\,792\,458}$秒内走过的长度。

1秒（s）是铯133原子处于非扰动基态在两个超精细能级之间跃迁所对应辐射的9 192 631 770个周期的持续时间。

1千克（kg）是国际计量局储存的铂铱合金圆柱体的质量，该计量局位于巴黎东南部塞夫勒。

1安培（A）是在真空中相距1米的两条无限长且截面积可忽略的平行圆直导线内，通以等量的恒定电流，且每米导线上所受作用力为2×10^{-7}牛时的电流。

1开尔文（K）是水的三相点热力学温度的$\frac{1}{273.16}$。

1摩尔（mol）是一系统物质的量，系统中包含的基本实体与0.012千克碳-12原子相等（约6.02214179×10^{23}个基本实体——原子、分子、离子、电子、自由基或其他粒子）。

1坎德拉（cd）是一光源在给定方向的发光强度，光源发出频率为540×10^{12}赫兹的单色辐射，且在此方向上的辐射强度为$\frac{1}{683}$瓦特/球面度。

测地学、计时学和天体测量

借助现代技术，测地学、计时学和天体测量技术得到了长足发展。很多测量技术对我们的日常生活产生着影响，例如卫星定位系统（简称 GPS）和手机。GPS 是美国研制的全球定位系统，可以精确定位地球上物体（例如，一个人、一辆汽车或一艘船）的经度、纬度和高度，其定位精度可达厘米级。定位系统的实现要归功于由 24 颗 GPS 卫星组成的系统（另外还有三颗备用卫星）。它们位于距离地表 20 200 千米的高空，覆盖全球，并通过一个系统让卫星路径同步。尽管 GPS 在几十年前主要局限于在军事活动中为海上和空中单位导航，但现在它已经普及为民用，并在 20 世纪 80 年代于测地学中使用。它在很多民用领域发挥着非常重要的作用，如铁路安全系统、道路交通和空中交通管制。

GPS 中的 24 颗卫星分布在 6 个轨道平面，每个平面包含 4 颗主要卫星，这样可以保证地面上的任意一点至少有 4 颗卫星可见。GPS 除了定位和导航之外，也提供时间数据，可以精确到十亿分之一秒。每颗卫星都配备了多台原子钟，可以提供非常精确的时间数据，这些数据包含在发送给接收器的 GPS 信号中，以便与原子钟同步。

确定位置的基本原理是通过测量时间来计算从卫星到 GPS 接收器的距离。接收器先是与至少三颗卫星建立连接，接收到每颗卫星的位置和时钟的信号，接着接收器同步自身的时钟并计算出信号延迟的时间，从而算出它到每颗卫星的距离。三角测量法（或者说反三角测量法）在此并不是计算待测点与已知点的角度来求得距离的，而是算出接收器离每颗卫星的距离，以卫星为参照物来为其定位。通过接收卫星的信号，算出它们的坐标，就可以确定接收器的真实坐标（经度和纬度）。另外，要计算出高度，必须使用来自第四颗卫星的信号。

在精确测量天体间的距离和天体的位置方面，人造卫星也发挥着不可或缺的作用。高精度视差收集卫星（缩写为Hipparcos）由欧洲航天局于1989年发射，它测得了数百万颗恒星的视差和运动轨迹。视差就是从两个点上（如A点和B点）观察同一个目标（例如看同一颗恒星）时，视线方向所形成的角度。A点和B点彼此之间足够远并且不在被观察的那颗恒星的轨道上。由于我们和星星之间，甚至距离最近的星星之间的距离都很远，视差自古以来就很难测量。巨大的距离使视线角度几乎是平行的。这种情况一直持续到1838年，德国天文学家和数学家贝塞尔（Friederich Wilhelm Bessel，1784—1846）用天鹅座61恒星最早计算出了恒星视差。

离地球最近的一颗恒星是比邻星，其视差为0.765弧秒，这表明恒星视差一般不超过一弧秒。距离越远，视差越低，因此误差越显著。天体距离测量是用该天体发出的电磁辐射频谱计算出位差，从中可以计算出天体离我们有多远。描述这种超远的距离，米制单位是无法胜任的，需要特殊的天文

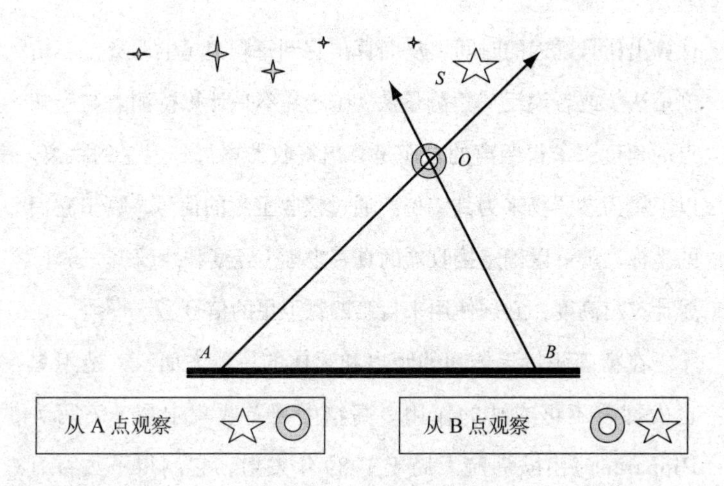

S 星在星空背景上作为参照点，从 S 星的左侧或右侧观察物体 O

单位。

地球和太阳的距离为 1 天文单位，即 149 597 870 千米。天文单位用来度量太阳系内的距离。1 秒差距（1parsec 或 pc）是产生 1 弧秒（1"）的视差的距离。1 光年，即光在 1 年内行进的距离，是指光子在真空中以每秒 299 792.458 千米的速度，行进 1 儒略年的距离（儒略年约为 365.25 天，每天 86 400 秒）。

物理世界中的测量使用有理数，得到的永远是近似值。在数学模型中，测量是用实数，数学测量概念的形式化产生了测量理论。在这一领域中，长度、平方和立方都发挥了重要的作用。

一些天文距离的表示方法

天文单位、光年和秒差距能够有效量度太阳系内天体、银河系内天体以及星系间的距离。我们通过四舍五入，得到以下等式：1 秒差距 = 3.26 光年 = 206 265 天文单位 = 30.875 万亿千米。从地球到太阳的平均距离大约为 1.5 亿千米，大约为 1 天文单位（1 AU）。太阳发出的光线需要 8.32 分钟才能到达地球，因此我们说地球离太阳 8.32 光分。

天体和太阳的距离：

天体	近似距离
金星	小于0.68天文单位
地球	1个天文单位=8.32光分
木星	大于5.2天文单位
冥王星	39.5天文单位
银河系中心	8 500秒差距≈30 000光年≈317.53亿天文单位

天体和地球的距离：

天体	距离	具体特征
月球	0.0026天文单位	地球唯一的天然卫星
比邻星	4.2光年= 270 000天文单位	距离地球最近的恒星
天狼星（恒星）	8.6光年= 540 000天文单位	埃及人的历法开始于天狼星的偕日升之日，偕日升是指天狼星由于离太阳足够远，能避开太阳强光，隐藏在地平线下一段时间后，拂晓时出现在地平线
仙女座星系（M31）	256万光年= 775千秒差距	是肉眼可见的最遥远的天体

数学模型里的测量

求曲线的长度

在英文中，有一个词特指求曲线的长度，那就是 rectifying，这个词来自拉丁文“rectificāre”（整形）、“rectus”（直），以及“facĕre”（制造）。它在词典中有很多释义，有一个与几何相关：“找到一条直线，其长度等于给定的曲线。”下图示意了大致的计算方法，就是将曲线分割成无限小的直线，一个一个首尾相连，最后算出它们的长度总和。

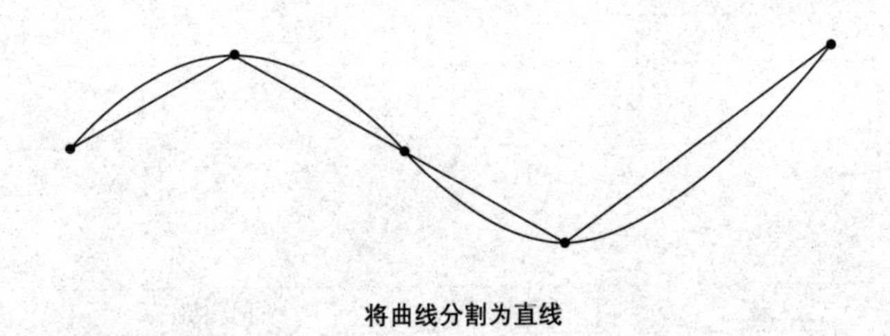

将曲线分割为直线

我的中学老师曾教过我类似的方法测量海岸线的长度。“首先需要一张等比例缩小的地图，一条足够长的线和一把刻度尺。把线稍微弄湿，使之更灵活，然后比着海岸线的轮廓放线。一旦线覆盖了所有海岸线，就用尺子量它的长度。最后，用地图的比例尺转换长度，得出实际测量值。”

自古以来，最著名的求长问题就是对于圆的求长。古埃及数学家建立了一个求圆周的正确公式。该公式规定，圆的面积与圆周的比率和圆包含的最大正方形面积与周长的比率相同（$\frac{r}{2}$，r 代表圆半径）。这个公式展示了精确的几何关系，所使用的 π 值是一个近似值（3.16 或 $3\frac{1}{6}$）。

求长、平方和立方的问题也出现在《九章算术》中，这本书是公元 1 世纪编纂的中国古代数学的经典著作。在第一章《方田》里，通过分割求和的方法计算出了 π 值。先是在圆内接一个正六边形，将其周长与圆周长相比，得出 π= 3，然后再进一步把六边形换成正十二边形、正二十四边形、正四十八边形和正九十六边形，根据这本书中提到的方法，计算的最终结果是 π= 3.1410240。

在古印度的数学中，求长也用于计算圆周长。公元 500 年左右，阿耶波多（Aryabhata）的著作《阿耶波多历书》的第二章中，得到了 π= 3.1416 的近似值。他用的是类似于中国《九章算术》的分割求和的方法，计算了一个正三百八十四边的内接多边形的周长，他把这个方法推进了两步：从《九章算术》中的 96 条边到 192 条边，再到 384 条边（6，12，24，48，96，192，384）。

自古以来，在不同的文化中，人们都尝试使用各种方法将曲线匹配到相同长度的直线段。在 17 世纪，社会上会举办各种竞赛来求特定曲线上的弧长，例如阿基米德螺线、悬链线或摆线，计算还都基于几何方法。17 世纪末，微分学的出现使弧线测量取得了明显的进步。在微分学中，弧线的长度由公式表示：

穿越子午线的兔子

这是一个关于周长和半径的难题，其答案改变了人们以往对子午线的认知。环绕地球的两条子午线长度约为 4 万千米。假设地球完全是球形的，用一条绳索紧紧环绕地球就可以测量出这 4 万千米的准确距离。如果我们将这条环绕地球的绳子再延长 1 米，那么能空出让一只兔子从它下面穿过的空间吗？尽管增加 1 米对 4 万千米来说是微不足道的，但答案是"能"。最令人惊讶的是，无论最初的半径是多少，圆周延长 1 米，新圆周半径的增加值都是固定。我们可以通过稍做计算来确认答案。

设 r_1 为初始半径，周长 $L_1 = 2\pi r_1$。圆周长如果延长 1 米，那么圆周的新长度为 $L_2 = 2\pi r_1+1$。新周长的半径则为 $r_2 = \frac{2\pi r_1+1}{2\pi}$，即 $r_2 = r_1+\frac{1}{2\pi}$，这说明不管初始半径是多少，圆周长增加 1 米，新半径增加$\frac{1}{2\pi}$米。如果米转换为厘米，就是$\frac{100}{2\pi}$厘米 =15.91549431 厘米，回到我们最初的问题，兔子肯定能够通过这个绳子，而且很轻松！

$$S = \int_a^b \sqrt{1+\left[f'(x)\right]^2}dx$$

其中 $f(x)$ 是需要被测长度的弧线函数，$f'(x)$ 是它的导数，两个函数在区间 $[a, b]$ 中必须是连续的。在这些条件下，S 代表 a 点和 b 点之间的弧长。

这个公式建立在最初的求长方法上，即用一系列小直线段来取代曲线，并将毕达哥拉斯定理应用于每一条直线。每段的长度 $\Delta s=\sqrt{\Delta x^2+\Delta y^2}$。

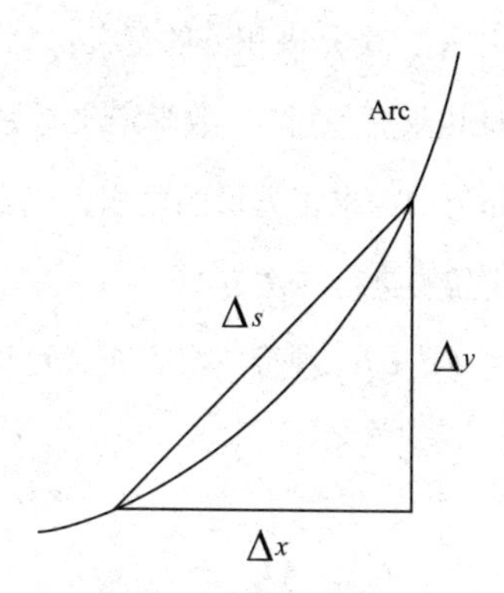

弧段 Δs 近似三角形边 Δx 和 Δy 的斜边

S 的近似值是所有斜边的总和：

$$S \approx \sum_{i=1}^{n} \sqrt{\Delta x_i^2 + \Delta y_i^2},\ \text{等同于：}\ S \approx \sum_{i=1}^{n} \sqrt{1+\left(\frac{\Delta y_i}{\Delta x_i}\right)^2}\ \Delta x_i$$

n 越小，近似值越接近。在极限上，Δx_i 趋向于 0，并且代入微分学提供的 a 和 b 之间的公式，结果是公式化的比率：

$$S = \lim_{\Delta x_i \to 0} \sum_{i=1}^{n} \sqrt{1+\left(\frac{\Delta y_i}{\Delta x_i}\right)^2}\ \Delta x_i = \int_a^b \sqrt{1+\left(\frac{dy}{dx}\right)^2}\, dx = \int_a^b \sqrt{1+\left[f'(x)\right]^2}\, dx$$

求平方

“平方”有两个数学定义。第一个是几何定义：“求给定图形的平方面积。”第二个是微积分的定义：“将数或代数表达式二次方，即自身相乘。”这两个数学定义是紧密相关的。第二个定义可以解释为：为求正方形的面积，代表该正方形边长的数或代数表达式需要进行二次方。

下图显示了对（$a+b$）进行二次方时，可得出（$a+b$）边的正方形的面积：

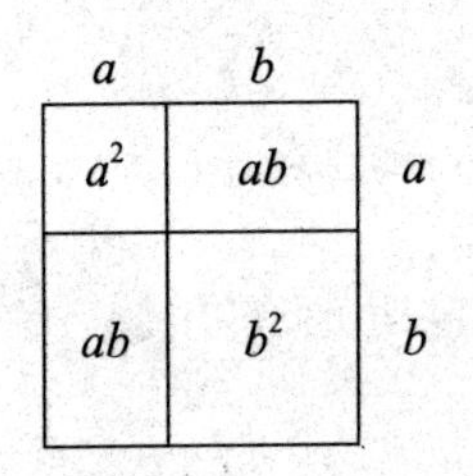

$$(a+b)^2=a^2+2ab+b^2$$

现在，有必要指出面积和平面之间的区别。尽管在日常用语中它们经常混淆，但它们是两个不同的数学元素。平面是微分几何研究的图形对象，而面积是用于与几何概念相关的单位度量，换句话说，面积是指平面图形的大小。

另外两个相似的术语是“周长”和“面积”。周长与面积的区别与我们区分圆周长和圆面积的方式不同。周长来自拉丁语 *perimětros*，更进一步说则是来自希腊语 περίμετρος，是指一个表面或图形的轮廓长度，而面积是指对表面大小的测量，换言之，它是测量周长里面的表面大小。因此，我们可以问自己以下几个问题："从一个固定的周长开始可以被该线条圈定的最大的矩形是什么？"还可以进一步问，"可以由该线条圈定的最大面积的图形是什么？"第一个问题的答案是正方形，第二个答案是圆形。古时候人们就知道这些答案，并且广泛应用于现实生活中。比如，我们在第一章中提到了来自各种文化的传统房屋都是圆形的（例如因纽特人、美国印第安人和肯尼亚人），以便以最少的材料获得最大的面积。

面积与周长的关系也有矛盾的地方。在某些图形中，尽管面积有限，但周长理论上却是无限的。比如分形理论里的科赫雪花，即一个连续的，在任何时候都不可微分的曲线。它是由瑞典数学家海里格·冯·科赫（Helge von Koch，1870—1924）在 1904 年提出的。如下图，第一个图形 K_0 由长度均为 1 的四条线段组成，从 K_0 开始，通过重复等分、外扩的步骤，可以建立科赫曲线，这是雪花形成的步骤。

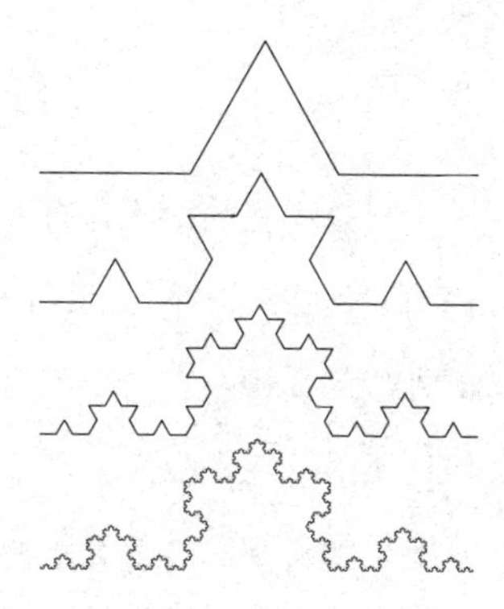

图为科赫雪花曲线构建中的前四步，从顶部开始依次为 K_0、K_1、K_2 和 K_3。

首先，把 K_0 缩小三分之一，代替其 4 条线段中的每一条边，得到 K_1，K_1 由 $16 = 4^2$ 条线段组成。然后，我们把 K_0 缩小九分之一，代替 K_1 上 16 条线段中的每一条，得到由 $64 = 4^3$ 条线段组成的 K_2，以此重复，直至无穷。科赫雪花就是当 i 倾向于无限时的 K_i。

为了构建科赫雪花，我们把 K_0 的长度复制三份，形成原始等边三角形，并用上述方式多次替换它三边中的每一边，最终获得科赫雪花。如图所示：

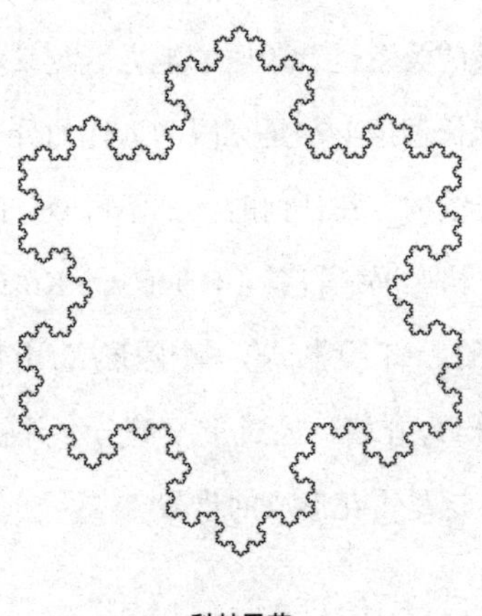

科赫雪花

科赫雪花的面积是有限的，但周长是无限的。面积有限是因为它是在有限半径的圆内，不管怎样都不会超过原始三角形的外接圆面积。在这个例子中，K_0 的原始线段的长度为 1，可以证明雪花在半径为 3 的圆内。为了证明雪花的周长是无限的，只要了解科赫曲线是无限的就足够了。要做到这一点，我们将计算其构建的每个步骤的长度 $l(K_i)$。K_0 的长度是 4（由四条长度为 1 的线段构成）。由于 K_1 由 16 条（$16=4^2$）长度为 $\frac{1}{3}$ 的线段组成，其长度为：

$$l(K_1)=\frac{4^2}{3}$$

由此，我们推得下面这个公式：

$$l(K_n)=\frac{4^{n+1}}{3^n}=4\left(\frac{4}{3}\right)^n，并且\ l(K)=\lim_{n\to\infty}l(K_n)=\infty$$

牛皮可以覆盖的最大面积

国王穆顿有两个孩子，儿子皮格马利翁和女儿艾莉莎。国王去世后，王位传给了还是个孩子的皮格马利翁。后来皮格马利翁为了得到他舅舅隐藏的宝藏，煽动妹妹艾莉莎嫁给了舅舅，而舅舅赛古斯是希腊赫拉克勒斯的祭司，权力仅次于国王。过了一段时间，皮格马利翁试图让妹妹艾莉莎找出她丈夫的宝藏隐藏地。艾莉莎找到了藏宝地但没有告诉哥哥宝藏的真实地点。后来，皮格马利翁为占有舅舅的财富，谋杀了他，但妹妹艾莉莎带着宝藏和一部分提尔贵族乘船逃离了王国。一行人在非洲北部登陆，受到了当地人欢迎。当地人与他们约定：他们可以在那里定居，但只能占领一张牛皮所包含的土地。艾莉莎把牛皮切成了长长的细条，接在一起圈出了一块相当大的土地，并准备在那里创建城市。当地人遵守协议，承认了这座城市。城市命名为比尔萨，在腓尼基语中是“牛皮之山”的意思，艾莉莎加冕成为狄多女王。过了一段时间，邻国国王拉巴想娶狄多，并威胁说如果狄多拒绝，他就要对比尔萨宣战。狄多最终选择拒绝后自杀。基于这个传说，罗马诗人维吉尔（Virgil）创作了《埃涅阿斯纪》，又名《伊尼特》。他描述了特洛伊英雄埃涅阿斯因为飓风被迫进入非洲海岸，受到迦太基居民的友好接待。迦太基就是狄多创建的那个城市。在维吉尔的故事里，狄多爱上了埃涅阿斯，并请求他留下；当英雄拒绝女王后，狄多选择了自杀。

埃涅阿斯告诉狄多女王特洛伊城被毁的消息。
法国艺术家皮埃尔–纳尔克里斯·介朗（Pierre-Narcisse Guérin）的一幅油画。

在前文中，我们提到可以用线在地图上测量海岸线长度。这种方法也可以用来计算地表面积。用一张透明方格纸覆盖地图。按地图比例乘以覆盖的正方形数量，可以非常接近地算出被测面积。

自古代开始，化圆为方一直是一个最著名的求积法，即用尺子和圆规找出与所求圆面积相等的正方形。

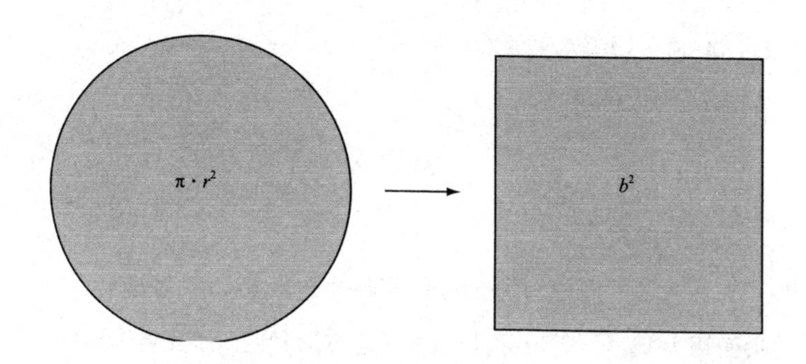

圆的面积必须等于正方形的面积

有一名探险家在埃及古都底比斯的废墟中发现了《阿梅斯纸草书》（*Ahmes Papyrus*），1858 年，亨利 · 莱因德（Henry Rhind）购买并修补完善了此书。所以，这本书又叫作《莱因德纸草书》（*Rhind Papyrus*）。这本书的作者是公元前 1650 年左右生活在埃及的阿梅斯（Ahmes），他在书中总结了公元前 2000 年至前 1800 年的数学知识。在问题 48 中，一个直径为 9 个单位的圆的面积等于一个边长为 9 个单位的正方形内嵌八边形的面积，如下页图所示：

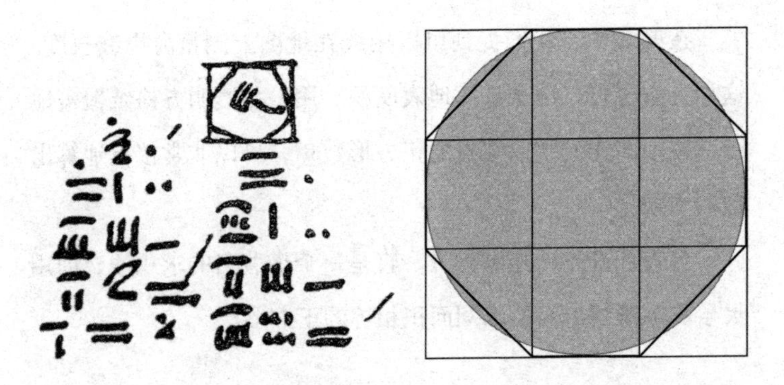

《阿梅斯纸草书》片段及八边形的分析图

圆的面积是：$\pi\left(\frac{9}{2}\right)^2$。

八边形的面积约为 64，但实际面积是 63，因为每个正方形面积为$3\times3=9$，八边形由五个正方形和四个半正方形组成，总共是七个面积为 9 的正方形。如果把它看作一个完美的正方形（边长为 8），你就可以像古埃及人一样，只用分母为 1 的分数，得到一个近似值 64（即 8^2）。

因此$\pi\left(\frac{9}{2}\right)^2\approx64$，通过计算和约分，结果是：

$$\pi\approx\frac{64}{\left(\frac{81}{4}\right)}=4\left(\frac{9-1}{9}\right)^2=4\left(1-\frac{1}{9}\right)^2=3.1604938$$

古希腊几何中的三大问题是化圆为方、倍立方和三等分任意角。起初，人们认为曲线图形，尤其是弧线图形是无法用等积正方形表示的。然而科斯岛的希波克拉底（Hippocrates of Kos，前 470—前 410）成功地将他创造的“新月形”的曲线图形用等积正方形表示，这被称为“月牙定理”。

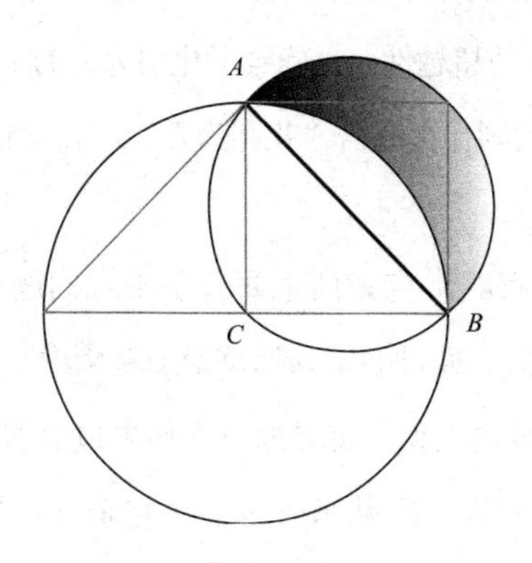

在该图中，阴影部分面积等于三角形 ABC 的面积

为了简化计算，假设上图中 $AC = CB = 1$。要证明月牙定理，只需要证明新月形 *AB* 的面积等于新月形 *AC* 和 *BC* 的面积之和。新月形 *AB* 加上三角形 *ABC* 可视为大圆面积的$\frac{1}{4}$，新月形 *AC* 和 *BC* 加上三角形 ABC 可视为直径为 AB 的半圆。可以看到，在小圆内，三角形 ABC 面积加上新月形 AC 和 BC 面积的总和等于小圆面积的一半，阴影处新月形 AB 面积加上新月形 AC 和 BC 面积的总和也等于小圆面积的一半。

大圆半径为 1。因此，它的面积是 π，$\frac{1}{4}$个大圆的面积为$\frac{\pi}{4}$。小圆直径为$\sqrt{2}$，半径为$\frac{\sqrt{2}}{2}$，面积为$\frac{1}{2}\pi$。小圆一半的面积为$\frac{\pi}{4}$，换句话说，小圆一半的面积等于大圆的$\frac{1}{4}$。因此，我们

可以说两个小新月形 AC 和 BC 面积的总和等于大新月形 AB 的面积，所以三角形 ABC 的面积等于阴影处新月形 AB 的面积。

1882 年，德国数学家林德曼（Ferdinand Lindemann，1852—1939）证明了 π 的超越性，也确定了化圆为方的不可能性。而这几千年来的努力则化为成语“化圆为方”，用来比喻无法解决的问题。

希腊数学家欧多克索斯也研究了平方问题。他用几何的方法取得近似值，通过一系列计算增加精确度。他的方法实际上与中国和印度的类似，都是通过内接多边形求圆周长或圆面积的近似值。后来，阿基米德也会用它来计算抛物线下的面积和球体的体积。这些计算都被记录在约公元前 300 年欧几里得的《几何原本》第七卷中。在 17 世纪，圣文森特的数学家格雷戈里（Gregory，1584—1667）称这种方法为“穷竭法”（exhaustion），该词源自拉丁文 exhausti，意思是“排空，完善，终止”。

不规则图形的面积用微积分可以准确地计算出来。积分是一个数学工具，如果知道构成图形的这些曲线的方程或公式，就可以算出曲线围成的图形的面积。例如：假设曲线 $f(x)=\sqrt{x}$；在水平轴区间 0 和 1 之间，函数 f 下的面积是多少？用符号表示如下：

$$f_0^1 = \sqrt{x}\,dx$$

下图形象地显示了穷竭法的计算思路。先按比例在方格纸上构建一系列矩形，通过添加矩形的数量来计算图形面积的近似值。这些矩形可以建立在曲线上方（舍入）或下方（舍出）。

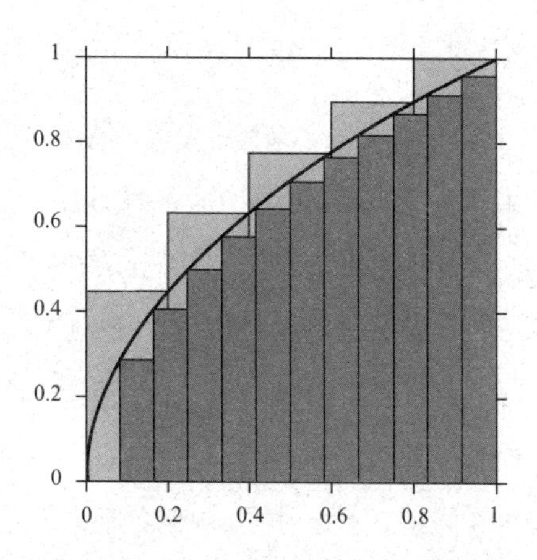

该图向上舍入分为 5 个矩形，向下舍出分为 12 个矩形（第一个矩形由于高度为零而不可见）

牛顿和莱布尼茨提出的微积分基本定理是推导和整合之间的基本联系。通过将它应用到方程 $f(x) = \sqrt{x}$ 围出的图形中，我们可以获得原始函数

$$F(x)=\frac{2}{3}x^{\frac{3}{2}}$$

在这种情况下必须在极限值 0 和 1 之间进行估测，并计算差值 $F(1)-F(0)$。因此，曲线面积为：

$$\int_0^1 \sqrt{x}\, dx = \int_0^1 x^{\frac{1}{2}}\, dx = \left[\frac{2}{3}x^{\frac{3}{2}}\right]_0^1 = \frac{2}{3}$$

求立方

“立方”在英语中是一个动词，意为“测量体积”，或“将数字或代数表达式三次方，即将其自身乘两次”。如果把第二个定义中的三次方视为代表该立方体边长的数或代数表达式的三次方，那么两个定义就是相互联系的——求立方体的体积。立方体（cubic）来自拉丁语 cubĭcus，而拉丁语 cubĭcus 又来自希腊语 κυβικός。

如果说古希腊几何平方中的经典问题是化圆为方，立方的经典问题就是倍立方。传说公元前 428 年在雅典发生了鼠疫，城市的领导人不得不向太阳神阿波罗求救。阿波罗在特尔斐传神谕，让他们建造一座祭坛，其体积是阿波罗神庙祭坛体积的两倍。尽管瘟疫最后被平息，但建造体积大一倍祭坛的努力以失败告终。

关于倍立方的问题，古希腊剧作家欧里庇特斯（Euripides）在他的剧本里曾形象地描述过。米诺斯国王在建造其儿子格劳科斯的墓时称，陵墓边长仅 100 英尺，对于王室来说空间太小。他命令边长翻倍，保持立方体的形状。米诺斯国王犯了一个严重的错误：如果立方体的边长翻倍，那么体积会是原来的 8 倍。

由于那时还没有现代代数符号，古希腊数学家不得不用直线和圆规来解决问题。假设边长为 a 的正方形面积翻倍后的边长为 x，为求 x 边长，则需把它放入 a 和 2a 的中值比例公式：

$$\frac{a}{x}=\frac{x}{2a}\text{，则 } x = a\sqrt{2}$$

用这个方法也可以解决倍立方的问题，这个问题相当于确定 a 和 2a 的两个中值比例。边长为 a 的立方体的体积加倍后，其体积为 $2a^3$ 新边长为 $x = \sqrt[3]{2a^3} = a\sqrt[3]{2}$。如果可以找到 a 和 2a 之间的两个中值比例值 x 和 y，如下面等式所示，那么问题就解决了。

$$\frac{a}{x}=\frac{x}{y}=\frac{y}{2a}$$

这是非常典型的数学解题方式，即将原始问题转化为看起来更容易解决的问题。现在的问题就变成了如何构建这两个中值比例的等式。

除了倍立方外，古希腊数学家还做了其他关于体积的计算。根据阿基米德的说法，欧多克索斯证明过圆锥体的体积是同底等高圆柱体体积的三分之一。阿基米德证明，如果一个直角三角形的一条直角边等于圆的半径，另一条直角边等于圆的周长，那么该三角形的面积等于圆的面积。他还从圆柱体和圆锥体的体积中计算出了一个球体的体积。

他是如何获得球体的体积的？他从一个半径为 R 的半球开始，在它的侧面放一个底面积和半球底面积相等的圆锥体和一个圆柱体，这三者的底面半径都是 R：

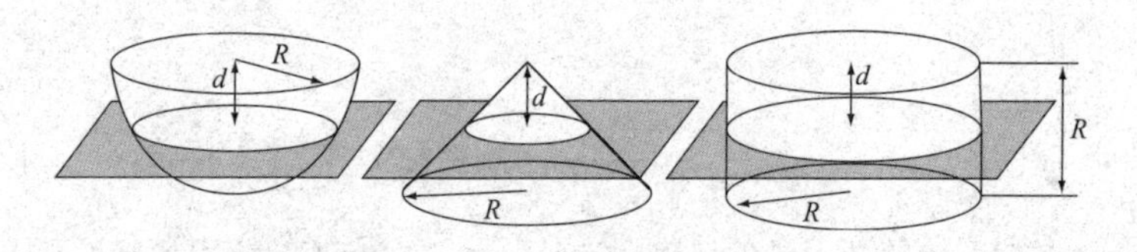

半球、锥体和圆柱体截面图

他从离顶点距离为 d 的地方平行切割这三个立体。在圆柱体上，截面是半径为 R 的圆。在半球体上截面也是一个圆，但是半径不同，为 r：

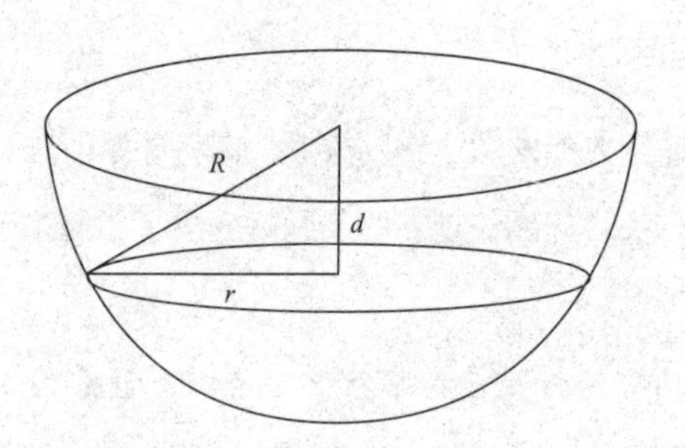

该图显示了半球体中 r、d 和 R 之间的关系

根据毕达哥拉斯定理，$r^2+d^2=R^2$。锥体截面也是圆，因为圆锥母线和截面的夹角是 45°，所以截面的半径等于从截面到锥顶的高度 d。

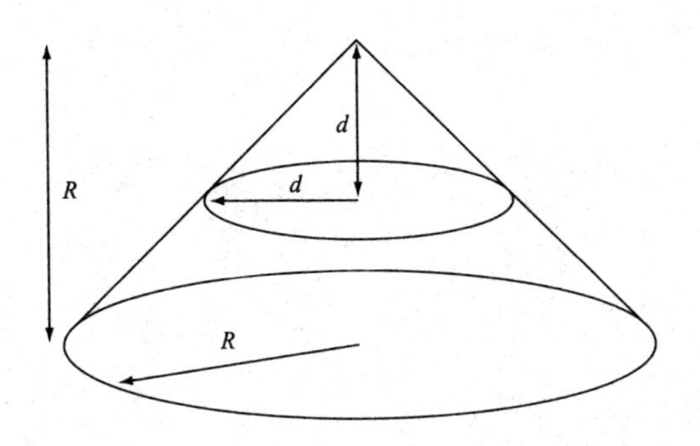

圆锥中 R 和 d 之间的关系

三个截面面积的计算结果为：

形状	截面面积
圆柱体	πR^2
球体	πr^2
圆锥体	πd^2

根据 $r^2+d^2=R^2$ 可以得出：

圆柱的截面面积 = 半球的截面面积 + 圆锥的截面面积

图中的部分就像面包片，如果我们知道每个切片的比例，那么被切体积也是相同比例，因此：

圆柱体积 = 半球体积 + 圆锥体积。

阿基米德得出圆柱体和圆锥体的体积：

$$V（圆柱体）=\pi R^3 \qquad V（圆锥体）=\frac{1}{3}\pi R^3$$

因此他列出等式：

$$V（半球体）= V（圆柱体）-V（圆锥体）=\pi R^3-\frac{1}{3}\pi R^3$$

最后得出

$$V（球体）=\frac{4}{3}\pi R^3$$

体积的计算也可以用微分来解决。再举一个例子，看看如何用这种方法计算半径为 r 的球体体积。我们从圆周长方程开始：

$$x^2+y^2=r^2$$

通过将圆周曲线围绕横坐标轴旋转半周，我们会得到一个

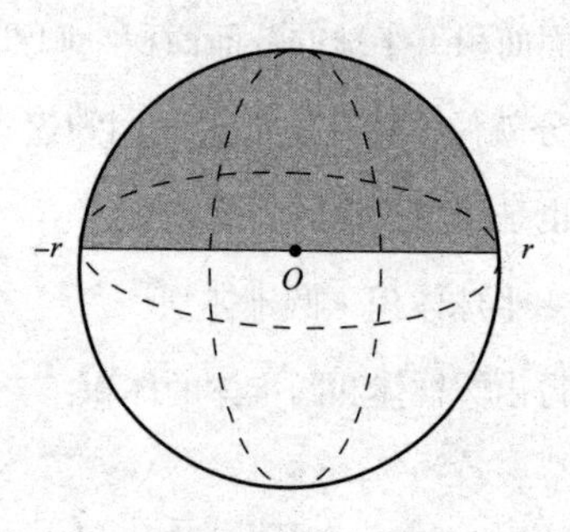

曲线旋转半周得到的球体

球体。

如果居于 $y=f(x)$，$y=0$，$x=a$ 和 $x=b$ 区间的半圆围绕轴 OX 旋转，则产生的球体体积公式为：

$$V=\pi\int_a^b f(x)^2dx$$

这个公式让人想起阿基米德的计算方式。如果我们将 $\pi f(x)^2$ 设为圆的面积，并想象绕轴产生的固体会像阿基米德那样的切片，记住 $\int_a^b \ldots dx$ 是用来表示积分的符号，体积也就是构成旋转体的无穷薄的切面厚度（dx）的总和。因此，半径为 r 的球体体积为：

$$V=\pi\int_{-r}^{r}\left(\sqrt{r^2-x^2}\right)^2dx=\pi\int_{-r}^{r}\left(r^2-x^2\right)dx=\pi\left[r^2x-\frac{x^3}{3}\right]_{-r}^{r}=\pi\left(\frac{2r^3}{3}+\frac{2r^3}{3}\right)=\frac{4}{3}\pi r^3$$

结　语

测量已有 5 000 多年的历史，它之所以产生是因为人们需要衡量环境中物体的大小。让我们看看 19 世纪末数学家们面临什么促使他们开发测量理论的挑战。古埃及人在《莱因德纸草书》和《莫斯科纸草书》中试图计算面积和体积，并得出 π 的近似值：$\pi \approx 4\left(1-\frac{1}{9}\right)^2=3.160\cdots\cdots$，但直到古希腊时代，数学家才找到了面积和体积的计算方法。

虽然欧几里得的《几何原本》包含了这些计算方法，但没有给出长度、面积和体积的文字定义，只是用图表示。现代数学对线、面和体的定义如下。线没有宽度，只有长度；面有长度和宽度；体则具有长度、宽度和深度。欧几里得也没有定义什么是测量。它只是出现在表示三个维度和数字的测量中。例如，我们说的除数和非除数，他用部分和多部分表示，其中用到了“测量”这个词：“当一个数可以用来测量比它大的数，这个数就是部分。不能测量的时候，这个数就是多部分。比如，3 是 15 的部分，6 是 15 的多部分。”

其他希腊数学家也没有对“测量”下定义。阿基米德通过对比测量，使用已知面积和体积计算出新的面积和体积。我们已看到他用这种方式算出球体体积。这些测量概念已经足够让数学发展数百年。

格奥尔格·康托尔（Georg Cantor，1845—1918）开创了数学发展的新阶段。他在1883年将“测量”定义为在任意有限集合 $A \subset R^n$ 时的 m（A）。此外，康托尔还发现无限集合的大小并不总是相同的，即无限集合不总是含有相同的基数。例如，有理数集合（Q）是可数的，它与自然数的集合（N）的大小相同，而和实数集合（R）的大小不同。在这个意义上，“测量”意味着在两个集合之间建立一对一的对应关系，其中一个是自然数的集合或者它的任何一个的次方（N×N，N×N×N等）。用数学术语来说，是使两个集合的元素一一对应。例如，在有理数的情况下，可以建立以下关系：

$$Q \rightarrow N \times N$$

$$p/q \rightarrow (p,\ q)$$

其中 p/q 可以是任何一个不可约分的有理数。R和N或者和N的任何一个次方的集合之间不能建立类似的关系，因此R被认为是不可数的。因此，有些无限集合比另一些大。在这些无限集合中，有一些集合非常大，以至于它们与真实的三维空间（长度、宽度和高度）没有对应关系，它们有时被比作矢量空间。

其他数学家，如奥托·斯托尔兹（Otto Stolz，1842—1905）

和阿道夫·冯·哈纳克（Adolf Von Harnack，1851—1930）分别在1884年和1885年，在实数集合里给测量下了相同的定义。例如，在区间［0，1］测得的有理数为1，与区间［0，1］的所有实数相同。如果我们明白集合Q是可数的且集合R是不可数的，那么这两个集合之间的元素是不可比的。

测量集合的问题在于区分可枚举集合和可测集合。第一个是一组可以与自然数集进行双射对应的集合；第二个是可以与非负实数集合进行双射对应的集合。这就是把第一章介绍的对离散物体计数和对连续物体测量之间的区别形式化了。可用可数和不可数表达。

朱塞佩·皮亚诺（Giuseppe Peano，1858—1932）确定集合A是可测集合，并在1887年对集合A内的测量下了定义。他将区域R的内部测量引入为R内部所有多边形区域的最小上界，外部测量引入为包含R区域的所有多边形区域的最大下界。他将可测量的集合定义为内部测量与外部测量一致的那个集合，并且他证明了该测量是可加的。他还解释了测量和积分之间的关系。1892年，卡米尔·乔丹（Camille Jordan，1838—1922）通过使用网格而不是多边形给出了一个更简单的定义。这些定义让人想起那些埃及、中国、印度和希腊的古代数学家们使用内接多边形或外含多边形逐步接近圆周长或圆面积，来求π近似值的方法。

尽管测量的定义取得了发展，但这些定义还不够，例如，有理数无法用这些定义测量。1894年，埃米尔·波莱尔（Émile

Borel，1871—1956）在他的博士论文里，为测量建立了可数可加性，这比皮亚诺的有限可加性更进一步。波莱尔还给出了零度量集合的定义。这种新方法使他发现其他作者认为集合 [0，1] 的有理数测量为 1 实际上是一组零度量。

基于波莱尔建立的新测量概念，亨利·勒贝格（Henri Lebesgue，1875—1941）在其 1902 年的博士论文中发展了抽象积分理论的基本概念。他将由波恩哈德·黎曼（Bernhard Riemann，1826—1866）创建的黎曼积分（定义为计算连续曲线下方的区域）扩展为一个新的积分——勒贝格积分，该积分也适用于不连续函数。

简要概括起来，在本书中我们了解了天文学中测量天体的方法、测地学中测量地球的方法，还知道了历法是为了测量时间而制定的，而米之所以成为标准的长度单位是因为人们需要统一的测量标准。离开了数学，所有这些物理、天文、测地学、历法和度量衡学领域的活动都是不可能实现的。数学本身也通过被称作数学模型的测量理论发展出了自己的一套测量概念，不过那还需要另外一整本书来详细阐释。

参考书目

ALDER, K., *The measure of all things: the Seven—year Odyssey and the Hidden Error that Transformed the World,* New York, Free Press, 2002.

BISIOP, A., J., *Mathematical Acculturalisation. Mathematics Education in a Cultural Perspective,* Reston VA, National Council of Teachers of Mathematics, 2004.

BOURGOING, J., *The Calendar. Measuring Time*, London, Thames&Hudson, 2001.

GUEDJ, D., *The measure of the World,* Chicago, Chicago University Press, 2001.

KATZ, 5th, . MICHALOWICZ, K.（eds.）, *Historical Modules for the Teaching and Learning of Mathematics,* Washington, The mathematical Association of America, 2004.

KUHN, T., S., *The Copernican evolution: Planetary Astronomy in the Development of Western Thought,* Cambridge MA, Harvard University Press, 1992.

LINDBERG, D.D., *The Beginning of Western Science,* Chicago, Chicago University Press, 2008.

SOBEI, D., *Longitude: the True Story of a Lone Genius Who Solved the Greatest Scientific Problem of His Time,* London, HarperCollins, 2005.